国家示范（骨干）高职院校重点建设专业优质核心课程系列教材

生产过程控制系统安装与调试

主编　许郢

U0201703

中国水利水电出版社
www.waterpub.com.cn

内 容 提 要

　　本书以实践应用能力培养为原则，以过程控制系统为主线，基于工程实施的工作过程设计教学项目，按具体工作任务对项目内容进行分解，将知识点融于项目实施的过程中。具体介绍了各种生产过程控制系统的分析、建模、构思设计、控制系统实施、控制器参数整定、调试和系统投运。

　　本书内容精炼，系统性强，强调理论联系实际，有很多工业过程控制的案例，便于学生理解应用，突出了项目化教学、项目化教材的实用性、实践性和先进性。

　　本书可作为高职高专院校、成人教育学院生产过程自动化技术、过程控制技术、电气自动化、检测技术等专业的教材，也可作为电气、机电一体化、冶金、化工、制药、轻工等相关专业的参考书，并可作为相关专业技术人员的参考资料。

　　本书配有电子教案，读者可以从中国水利水电出版社网站和万水书苑免费下载，网址为：http://www.waterpub.com.cn/softdown/和 http://www.wsbookshow.com。

图书在版编目（CIP）数据

　　生产过程控制系统安装与调试 / 许郢主编. -- 北京：中国水利水电出版社，2014.3（2019.1重印）
　　国家示范（骨干）高职院校重点建设专业优质核心课程系列教材
　　ISBN 978-7-5170-1762-2

　　Ⅰ. ①生… Ⅱ. ①许… Ⅲ. ①生产过程－控制系统－安装－高等职业教育－教材②生产过程－控制系统－调试－高等职业教育－教材 Ⅳ. ①TP278

　　中国版本图书馆CIP数据核字（2014）第038531号

策划编辑：石永峰　　责任编辑：李 炎　　加工编辑：田新颖　　封面设计：李 佳

书　　名	国家示范（骨干）高职院校重点建设专业优质核心课程系列教材 **生产过程控制系统安装与调试**	
作　　者	主编　许郢	
出版发行	中国水利水电出版社 （北京市海淀区玉渊潭南路 1 号 D 座　100038） 网址：www.waterpub.com.cn E-mail: mchannel@263.net（万水） 　　　　sales@waterpub.com.cn 电话：（010）68367658（发行部）、82562819（万水）	
经　　售	北京科水图书销售中心（零售） 电话：（010）88383994、63202643、68545874 全国各地新华书店和相关出版物销售网点	
排　　版	北京万水电子信息有限公司	
印　　刷	三河市铭浩彩色印装有限公司	
规　　格	184mm×260mm　　16 开本　　9.75 印张　　246 千字	
版　　次	2014 年 3 月第 1 版　　2019 年 1 月第 2 次印刷	
印　　数	2001—3000 册	
定　　价	23.00 元	

前　言

本教材为项目化教材，将控制理论与控制系统的基本内容整合在一起，打破了传统教材的教学体系。全书以实践应用能力培养为原则，以过程控制系统为主线，基于工程实施的工作过程设计教学项目，按具体工作任务对项目内容进行分解，将知识点融于项目实施的过程中。具体介绍了各种生产过程控制系统的分析、建模、构思设计、控制系统实施、控制器参数整定、运行调试、系统投运组建，全书以工程应用、培养生产过程控制系统设计、组态、运行与维护的高职高专应用型技能人才为目标设计了四个项目任务。

本教材内容选择合理，符合高职高专学生学习特点和认识规律，突出了知识的实用性、实践性和先进性。书中除介绍了控制系统分析与设计方法、控制系统实施与应用的知识，同时还介绍了控制系统的运行调试和系统投运、基于计算机及先进控制理论等在内的过程控制新技术，如现场总线技术、组态软件以及控制与管理信息集成技术等，旨在培养学生的工程应用能力和解决现场实际问题的能力，体现了职业教育的特色和满足培养高技能人才的需要。

全书由黑龙江职业学院许郢任主编，并编写全部章节。

本书的编审和出版得到了中国水利水电出版社的诚挚帮助，在此一并向书中引用参考文献的专家、学者及关心和支持本书出版的所有单位和个人表示衷心感谢！

由于编者水平有限，书中难免出现错误和疏漏，敬请读者批评指正，殷切希望得到读者的宝贵意见与建议。

编者
2014 年 1 月

目　录

项目一
生产过程控制系统

【项目学习目标】

 **知识目标**

- 了解过程控制系统的发展、特点、分类及性能；
- 掌握单回路过程控制系统的组成、控制原理及各部分功能；
- 了解干扰对过程控制系统性能指标的影响；
- 掌握 P、PI、PD 和 PID 四种调节器的控制规律；
- 掌握调节器相关参数的变化对过程控制系统静、动态性能的影响；
- 了解过程控制系统调节器参数的整定和控制方法。

技能目标

- 能熟练完成过程控制系统的组成、控制原理等分析工作；
- 能熟练操作各种调节阀门的开关、泵的启动关闭、控制器的手动自动切换；
- 能熟练分析过程控制系统各部分的作用、安装位置并进行连接；
- 能分析控制器参数变化对过程控制质量的影响；
- 能对生产过程控制系统的调试运行结果进行控制性能指标分析。

任务一　过程控制系统

1.1.1　任务要求

分析过程控制的发展、特点；选择过程控制的种类、性能；建立过程控制系统的方框图；分析控制器的控制原理；选择控制器的类型和控制规律；选择控制器参数的整定方法；进行过程控制系统的整定。

1.1.2 相关知识

1.1.2.1 过程控制

1. 过程控制概述

在石油、化工、冶金、电力等工业生产中，连续的或按一定程序周期进行生产过程的自动控制称为生产过程自动化，即过程控制。"过程"是指在生产装置或设备中进行的物质和能量的相互作用和转换过程。例如，锅炉中蒸汽的产生、分馏塔中原油的分离等。表征过程的主要参数有温度、压力、流量、液位、成分、浓度等，通过对过程参数的控制，可使生产过程中产品的产量增加、质量提高和能耗减少。

工业中的过程控制是指以温度、压力、流量、液位和成分等工艺参数作为被控变量的自动控制，广泛应用于控制各种生产和工艺加工过程。生产过程自动化是保持生产稳定、降低消耗、降低成本、改善劳动条件、促进文明生产、保证生产安全和提高劳动生产率的重要手段，是 20 世纪科学与技术进步的特征，是工业现代化的标志。

2. 过程控制的发展

在现代工业控制中，过程控制技术是历史较为久远的一个分支，过程控制的发展经历了手工阶段、局部自动化阶段、综合自动化阶段、全盘自动化阶段、计算机集成过程控制阶段五个发展阶段。

20 世纪 40 年代前后（手工阶段），过程控制技术就已有应用，当时的化工、石油化工等生产处于手工操作阶段，凭经验人工控制生产过程，劳动生产率很低，过程控制仅仅是一些仪表显示和反应主要变量。

20 世纪 50 年代前后（仪表化与局部自动化阶段），过程控制发展的第二个阶段，一些工厂企业实现了仪表化和局部自动化。主要特点是：检测和控制仪表采用基地式仪表和部分单元组合仪表（多数是气动仪表）；过程控制系统结构是单输入、单输出系统；被控参数是温度、压力、流量和液位参数；控制目的是保持参数的稳定，消除或者减少对生产过程的主要扰动；控制理论是频率法和根轨迹法的经典控制理论，解决单输入单输出的定值控制系统的分析和综合问题。

20 世纪 60 年代（综合自动化阶段），过程控制发展的第三个阶段，工厂企业实现车间或大型装置的集中控制。随着各种组合仪表和巡回检测装置的出现，过程控制具有五个层次的功能：调度、操作模式确定、质量控制、反馈控制（自动调节）和顺序控制、故障的防止和弥补。主要特点是：检测和控制仪表采用单元组合仪表（气动、电动）和组装仪表，计算机控制系统的应用，实现直接数字控制（DDC）和设定值控制（SPC）；过程控制系统结构是多变量系统，各种复杂控制系统，如串级、比值、均匀控制、前馈、选择性控制系统；控制目的可以提高控制质量或实现特殊要求；控制理论开始由经典控制理论向现代控制理论方向应用。

60 年代开始，过程控制得到较快发展，为适应工业生产过程控制的要求，计算机开始用于过程控制，一些复杂控制系统得到开发，出现了过程控制最优化与管理调度自动化相结合的多级计算机控制系统。从直接数字控制（DDC）到集散控制系统 DCS，特别是集散控制系统的硬件可靠性大大提高，控制回路和危险的分散、数据显示和实时监督等功能的集中，在实践应用中被证明有良好控制效果，使得它在工业生产过程的控制中得到广泛应用，现代控制理论因计算机的应用而得以实现。

20 世纪 70 年代以来（全盘自动化阶段），发展到现代过程控制的新阶段，这是过程控制发展的第四个阶段。主要特点是：检测和控制仪表采用新型仪表、智能化仪表、微型计算机；过程控制系统结构是多变量系统，由 PID（比例－积分－微分）控制规律向特殊控制规律发展，由定值控制向最优控制、自适应控制发展，由仪表控制系统向智能化计算机分布式控制系统发展；现代控制理论应用于过程控制领域，例如状态空间分析，系统辨识与状态估计，最优滤波与预报。

20 世纪 80 年代，过程控制系统开始与过程信息系统相结合，具有更多的功能。过程信息系统在操作员与自动化系统之间提供了人机交互功能，各种显示屏幕能显示过程设备的状态、报警和过程变量数值的流程图，并能在屏幕的一定区域显示过去的信息。过程信息系统还能统一处理销售、设计、内部运输、存储、包装、行情调查、会计、维修、管理等环节的信息，沟通企业内部和企业内外的信息，并能根据使用人员的需要有选择地提供信息报告。例如，顾客订货单可在门市部送到信息系统中的同时立即传送到信息系统的生产调度部门。

80 年代末（计算机集成过程控制阶段），随着计算机技术、显示技术、控制技术、通信技术的发展，现场总线（FCS）和现场总线仪表得到了迅速的发展。现场总线是顺应智能现场仪表而发展起来的一种开放型的数字通信技术，它是综合运用微处理器技术、网络技术、通信技术和自动控制技术的产物。现场控制系统和现场总线仪表的诞生和应用开辟了过程控制的新纪元。

现场总线是一种计算机的网络通信总线，是位于现场的多个总线仪表与远端的监控计算机装置间的通信系统。现场总线是底层控制通信网，现场总线控制系统把控制功能彻底分散到现场总线仪表，真正实现分散控制的功能。

现场总线控制系统既是一个开放通信网络，又是一种全分布控制系统，是一项以智能传感器、控制、计算机、数字通信、网络为主要内容的综合技术。它作为智能设备联系的纽带，把挂接在总线上、作为网络节点的智能设备连接为网络系统，并进一步构成自动化系统，实现基本控制、补偿计算、参数修改、报警、显示、监控、优化及管控一体综合自动化功能。

过程控制技术发展至今天，在石油、化工、电力、冶金等部门有广泛的应用。过程控制在控制方式上经历了从人工控制到自动控制的发展时期。在自动控制时期内，过程控制系统又经历了三个发展阶段：分散控制阶段、集中控制阶段和集散控制阶段。几十年来，工业过程控制取得了惊人的发展，无论是在大规模结构复杂的工业生产过程中，还是在传统工业过程改造中，过程控制技术对于提高产品质量以及节省能源等均起着十分重要的作用。

过程控制正朝高级阶段发展，不论是从过程控制的历史和现状看，还是从过程控制发展的必要性、可能性来看，过程控制正向综合化、智能化方向发展。先进的过程控制技术包括：双重控制和阀位控制、时滞补偿控制、解耦控制、自适应控制、差拍控制、状态反馈控制、多变量预测控制、推断控制及软测量技术、智能控制（专家控制、模糊控制、神经网络控制等）等，尤其以智能控制作为开发、研究和应用的重点。例如计算机集成制造系统（CIMS），就是以智能控制理论为基础，以计算机及网络为主要手段，对企业的经营、计划、调度、管理和控制全面综合，实现从原料进库到产品出厂的自动化、整个生产系统信息管理的最优化。

1.1.2.2　过程控制系统

在生产设备上，配备一些自动化仪表等控制装置来代替人的观察、判断、决策和操纵，使某些工艺变量能准确地按照预期的规律变化，使生产在不同的程度上自动进行，这种系统就是过程控制系统。

1. 过程控制系统的任务

过程控制系统是自动化的一门分支学科，任务是对过程控制系统进行分析、设计和应用。对工业生产过程中已有的控制方案进行分析，总结各种控制方案的特点，确定工业生产过程的工艺流程，设计满足工艺控制要求的控制方案。在确定控制方案后，如何使控制系统能够正常运行，并发挥其功能，这些都是过程控制系统要完成的任务。

2. 过程控制系统的特点

过程控制系统具有以下特点。

（1）定值控制是过程控制的一种主要控制形式，主要是减小或消除外界扰动对被控量的影响，使被控量能控制稳定在给定值上，使生产安全稳定。

（2）过程控制系统一般由检测仪表、控制器和执行器等单元组成。

（3）被控过程多样性，生产规模不同、工艺要求各异、产品品种多样。

（4）控制方案的多样性。

过程控制系统通常有单变量控制系统、多变量控制系统、常规仪表控制系统、计算机集散控制系统、提高控制品质的控制系统、实现特定要求的控制系统；有单回路、串级、前馈、比值、均匀、分程、选择性、大时延、多变量控制系统；还有高级新型控制系统（自适应控制、预测控制）以及成为系统主流的集散控制系统（DCS）。

（5）过程控制的控制过程多数属于慢过程，而多半又属于参量控制，对表征其生产过程的温度、压力、流量、液位（物位）、成分、PH 等过程参量进行自动检测和自动控制。

（6）被控过程具有大惯性、大时延（滞后）等特点。

3. 过程控制系统的组成

单回路过程控制系统由被控对象、测量变送器、控制器和执行器（控制阀）四个基本环节组成一个单闭环控制系统。

（1）被控对象

被控对象是控制系统的主体，在自动控制系统中，将需要控制其工艺变量的生产设备或机器叫做被控对象，例如常压塔、精馏塔、锅炉等。

（2）测量变送器

测量变送器包括检测元件和变送器两部分，其作用是将被控制的物理量检测出来并转换成工业仪表间的标准统一信号。例如：液位变送器的作用是测量液位，并将液位的高低转化为一种特定的信号（标准电流信号、标准气压信号或者标准电压信号等）。

（3）控制器

控制器，也称调节器，作用是将测量值与目标值比较得出偏差，按一定的规律运算后对执行机构（控制阀）发出相应的控制信号或指令。例如：液位控制器接受变送器送来的信号，与工艺要求的液位高度相比较，得出偏差，并按某种运算规律算出结果，然后将此结果用特定信号（电流或气压）发送出去。

（4）执行器

执行器也称执行机构，其作用是依据控制器发出的控制信号或指令，改变控制量，对被控对象产生直接的控制作用。例如：执行器通常指控制阀，它和普通阀门的功能一样，只不过它能自动地根据控制器送来的信号值改变阀门的开启度。

单回路过程控制系统的给定量是某一定值，要求系统的被控制量稳定至给定量，这种控制系统具有结构简单、性能较好、调试方便等优点，故在工业生产中被广泛应用。

4. 过程控制系统流程图的规范表示

在过程控制系统流程图中，一般用小圆圈表示某些自动化装置，圈内写有两位（或三位）字母，第一位字母表示被测变量，后继字母表示仪表的功能。例如：过程控制系统流程图中以 (LT) 表示液位变送器，用 (LC) 表示液位控制器。

常用被测变量和仪表功能的字母代号见表 1-1。

表 1-1　被测变量和仪表功能的字母代号

字母	第一位字母	修饰词	后继字母
	被测变量		功能
A	分析		报警
C	电导率		控制（调节）
D	密度	差	
E	电压		检测元件
F	流量	比（或分数）	
I	电流		批示
K	时间或时间程序		自动-手动操作器
L	物位		
M	水分或湿度		
P	压力或真空		
Q	数量或件数	积分、累积	积分、累积
R	放射性		记录或打印
S	速度或频率	安全	开关、联锁
T	温度		传送
V	粘度		阀、挡板、百叶窗
W	力		套管
Y	供选用		继动器或计算器
Z	位置		驱动、执行或未分类的终端执行机构

5. 过程控制系统的分类

（1）按被控参数分类，可分为温度控制系统、压力控制系统、流量控制系统、液位控制系统、成分控制系统、位置控制系统等。

（2）按给定值信号的特点分类，可分为定值控制系统、随动控制系统、顺序（程序）控制系统。

①定值控制系统

定值控制系统也称恒值控制系统，是指在生产过程中，如果要求控制系统使被控变量保持在一个生产指标上不变，或者说要求工艺参数的给定值不变，这类控制系统称为定值控制系统。例如温度控制系统应用于恒温箱，刚出生的早产儿要放在恒温箱里，恒温箱温度一经调整，被控量就与调整好的参数保持一致。

②随动控制系统

随动控制系统是指给定值是一个未知变化量的控制系统，这类控制系统的任务是保证各种条件下的输出（被控变量）以一定的精度跟随着给定信号的变化而变化，所以这类控制系统又称为跟踪系统。例如在加热炉燃烧过程控制中，控制系统就要克服一切扰动，使空气量跟随燃料值的变化自动控制空气量的大小从而保证达到最佳燃烧。

在随动控制系统中，扰动的影响是次要的，控制系统分析、设计的重点是研究被控制量跟随的快速性和准确性。函数记录仪、高炮自动跟踪系统都是典型的随动控制系统。在随动控制系统中，如果被控制量是机械位置（角位置）或其导数时，这类系统称之为伺服控制系统。

③程序控制系统

程序控制系统也称顺序控制系统，给定值有规律地变化，是已知的时间函数。这类控制系统往往适用于特定的生产工艺或工业过程，要求被控制量迅速、准确地实现。例如机械工业中的退火炉的温度控制系统，按所需要的控制规律给定输入，使被控量按规定的程序自动变化。机械加工使用的数字程序控制机床也是非常典型的程序控制系统。

程序控制系统和随动控制系统的参数量都是时间的函数，不同之处在于程序控制系统是已知的时间函数，随动系统是未知的任意的时间函数，而恒值控制系统可视为程序控制系统的特例。

（3）按过程控制系统的结构特点分类，可分为反馈控制系统（闭环）、串级控制系统、前馈控制系统（开环）、前馈-反馈（复合）控制系统等。

①反馈控制系统

反馈控制系统是根据系统被控量与给定的偏差进行工作，最后达到消除或减小偏差的目的，偏差值是控制的依据。反馈控制系统又称闭环控制系统，是过程控制系统中最基本的一种。

②前馈控制系统

前馈控制系统根据扰动量的大小进行工作，扰动是控制的依据。前馈控制系统不构成闭合回路，故也称为开环控制系统。由于前馈控制是一种开环控制，无法检查控制的效果，所以在实际生产过程中是不能单独应用的。

③串级控制系统

串级控制系统是根据两个控制器串接工作，主控制器输出作为副控制器的给定值，副控制器的输出去控制执行器改变操纵变量。串级控制系统可以减少控制通道的惯性，改善过程控制动态特性；对于干扰有很强抑制能力，系统抗扰动能力强，从而得到更高的控制品质。

④前馈-反馈控制系统

前馈-反馈控制系统，又称复合控制系统，前馈开环控制的优点是能针对主要扰动迅速及时克服对被控量的影响。反馈控制的优点是克服其他扰动，使系统在稳态时能准确地使被控量控制在给定值上。复合构成的前馈-反馈控制系统具有二者的优点，可以提高控制质量。

（4）控制系统按有无闭合（简称闭环）来分类，可分为开环控制系统和闭环控制系统。

开环控制系统是指系统的输出信号不能影响控制作用的控制系统；闭环控制系统是指系统的输出信号对控制作用有直接影响的控制系统。

蒸汽加热器开环控制系统如图1-1所示。在蒸汽加热器中，如果负荷是主要干扰，则开环控制系统能使蒸汽流量与冷流体流量之间保持一定的函数关系。当冷流体流量变化时，通过控制蒸汽流量以保持热量平衡。蒸汽加热器开环控制系统方框图如图1-2所示，显然，开环控制系统不是反馈控制系统。

由于闭环控制系统采用了负反馈，使系统的被控变量受外来干扰和内部参数变化小，具有一定的抑制干扰、提高控制精度的特点，开环控制系统不能做到这一点，但开环控制系统结构简单、使用便捷。

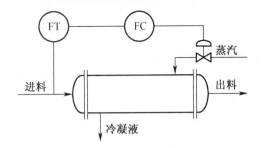

图 1-1　蒸汽加热器开环控制系统

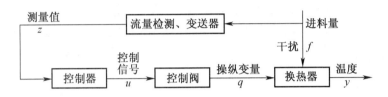

图 1-2　蒸汽加热器开环控制系统方框图

6. 过程控制系统的工作过程

过程控制系统的工作过程包括数据采集、控制决策、控制输出等基本内容。

数据采集是实时检测来自于测量变送装置的被控变量瞬时值，经过 A/D 转换后送入控制器。

控制决策是将测量值与系统的给定值相比较，产生一定的偏差信号 e，对该偏差信号按照某种控制规律（算法）进行数学运算，如常规 PID 算法、自适应控制算法、模糊控制算法等，最后产生控制信号。

控制输出是对计算机输出的控制信号进行 D/A 转换后，向执行机构发出控制信号，完成控制任务。

1.1.2.3　控制器的控制规律

在过程控制系统中，控制器的输入信号是指被控变量的测量值与给定值的偏差，用 e 表示。控制器的输出信号是指控制器送往执行器的控制信号，用 u 表示。要使控制器发挥合理的调节功能，需要设置好控制器的 PID 参数，而这要求必须熟悉控制器的控制规律。

控制器的控制规律是指控制器输出信号与输入信号之间的关系，即控制器的输出信号 $u(t)$ 随着输入信号 $e(t)$ 变化的规律，数学关系表示为：$u(t) = f[e(t)]$。

在生产过程常规控制系统中，控制器常用的控制规律有位式控制、比例控制（P）、积分控制（I）、微分控制（D）以及它们的组合控制规律（PI、PD、PID）等。

1. 位式控制规律

位式控制的输出只有数个特定的数值，或它们的执行机构只有数个特定的位置。最常见的是双位控制，它的输出只有两个数值（最大或最小），其执行机构只有两个特定的位置（全关或全开）。

位式控制器结构简单、成本较低、易于实现，但其控制作用不是连续变化的，由其所构成的控制系统的被控变量的变化是一个等幅振荡过程而不能稳定在某一数值上，因此位式控制器只能应用在被控变量允许在一定范围内波动的场合，如某些液位控制、恒温箱和管式炉的温度控制、仪表用压缩空气储罐的压力控制等。

2. 比例控制规律（P）

（1）比例控制

比例控制规律（P）可以用下列数学式来表示：

$$\Delta u = K_C e \tag{1-1}$$

式中，Δu——控制器输出变化量；K_C——控制器的比例增益或比例放大系数；e——控制器的输入，即偏差。

由式（1-1）可以看出，比例控制器的输出变化量与输入偏差成正比，在时间上是没有延滞的。或者说，比例控制器的输出是与输入一一对应的，如图1-3所示比例控制器的输入输出特性。

当输入为一阶跃信号时，比例控制器的阶跃响应如图1-4所示。

比例放大系数 K_C 是可调的，所以比例控制器实际上是一个放大系数可调的放大器。K_C 愈大，在同样的偏差输入时，控制器的输出愈大，因此比例控制作用愈强；反之，K_C 值愈小，表示比例控制作用愈弱。

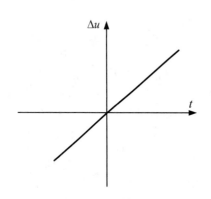

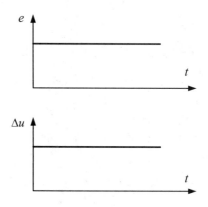

图1-3　比例控制器的输入输出特性　　　　图1-4　比例控制器的阶跃响应

（2）比例度

比例放大系数 K_C 值的大小，可以反映比例作用的强弱。但对于使用在不同情况下的比例控制器，由于控制器的输入与输出是不同的物理量，因而 K_C 的量纲是不同的。这样，就不能直接根据 K_C 数值的大小来判断控制器比例作用的强弱。工业生产上所用的控制器，一般都用比例度（或称比例范围）δ 来表示比例作用的强弱。

比例度是控制器输入的相对变化量与相应的输出相对变化量之比的百分数。用数学式可表示为：

$$\delta = \frac{\dfrac{e}{(z_{max} - z_{min})}}{\dfrac{\Delta u}{u_{max} - u_{min}}} \times 100\% \tag{1-2}$$

式中，$z_{max} - z_{min}$——控制器输入的变化范围，即测量仪表的量程；$u_{max} - u_{min}$——控制器输出的变化范围。

由式（1-2）看山，控制器的比例度可理解为：要使输出信号作全范围的变化，输入信号必须改变全量程的百分数。

控制器的比例度 δ 的大小与输入输出关系如图1-5所示。从图1-5可以看出，比例度越小，使输出变化全范围时所需的输入变化区间也就越小；比例度越大，使输出变化全范围时所需的输入变化区间也就越大。

比例度 δ 与比例放大系数 K_C 的关系为：

$$\delta = \frac{K}{K_C} \times 100\% \qquad (1\text{-}3)$$

式中，$K = \dfrac{u_{max} - u_{min}}{z_{max} - z_{min}}$。

由于 K 为常数，因此控制器的比例度 δ 与比例放大系数 K_C 成反比关系。比例度 δ 越小，则放大系数 K_C 越大，表示比例控制作用越强；反之，当比例度 δ 越大，则放大系数 K_C 越小，表示比例控制作用越弱。

在单元组合仪表中，控制器的输入信号是由变送器来的，而控制器和变送器的输出信号都是统一的标准信号，因此常数 $K=1$。所以在单元组合仪表中，δ 与 K_C 互为倒数关系，即：

$$\delta = \frac{1}{K_C} \times 100\% \qquad (1\text{-}4)$$

3. 积分控制规律（I）

当控制器的输出变化量 Δu 与输入偏差 e 的积分成比例时，就是积分控制规律，其数学表达式为：

$$\Delta u = K_I \int_0^t e\,dt \qquad (1\text{-}5)$$

式中，K_I——积分比例系数。

积分控制作用的特性可以用阶跃输入下的输出来说明。当控制器的输入偏差是一幅值为 A 的阶跃信号时，式（1-5）就可写为

$$\Delta u = K_I \int_0^t e\,dt = K_{IA}t \qquad (1\text{-}6)$$

由式（1-6）可以画出在阶跃输入作用下的输出变化曲线，如图 1-6 所示积分控制器特性。由图 1-6 可看出：当积分控制器的输入是一常数 A 时，输出是一直线，其斜率为 K_{IA}，K_I 的大小与积分速度有关。从图中还可以看出，只要偏差存在，积分控制器的输出随着时间不断增大（或减小）。

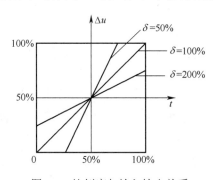

图 1-5 比例度与输入输出关系

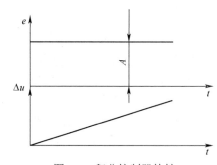

图 1-6 积分控制器特性

在图 1-6 中，积分控制器输出的变化速度与偏差成正比。这就说明积分控制规律的特点是：只要偏差存在，控制器的输出就会变化，执行器要动作，系统就不可能稳定。只有当偏差消除（即 $e=0$）时，输出信号不再变化，执行器停止动作，系统才可能稳定下来。积分控制作用达到稳定时，偏差等于零，这是它的一个显著特点，也是它的一个主要优点，因此积分控制器构成的积分控制系统是一个无差系统。

式（1-6）也可以改写为：

$$\Delta u = \frac{1}{T_I} \int_0^t e \mathrm{d}t \qquad\qquad (1-7)$$

式中，T_I——积分时间。

对上式求拉氏变换，可得积分控制器的传递函数 $G_C(s)$ 为：

$$G_C(s) = \frac{U(s)}{E(s)} = \frac{1}{T_I s} \qquad\qquad (1-8)$$

4. 比例积分控制规律（PI）

比例积分控制规律是比例与积分两种控制规律的结合，其数学表达式为：

$$\Delta u = K_C \left(e + \frac{1}{T_I} \int_0^t e \mathrm{d}t \right) \qquad\qquad (1-9)$$

当输入偏差是一幅值为 A 的阶跃变化时，比例积分控制器的输出是比例和积分两部分之和，其特性如图 1-7 所示比例积分控制器特性。

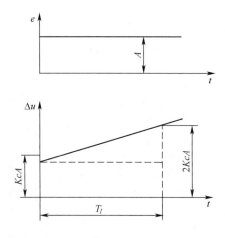

图 1-7　比例积分控制器特性

由图 1-7 可以看出，Δu 的变化开始是一阶跃变化，其值为 $K_C A$（比例作用），然后随时间逐渐上升（积分作用）。比例作用是即时的、快速的，而积分作用是缓慢的、渐变的。

由于比例积分控制规律是在比例控制的基础上加上积分控制，所以既具有比例控制作用及时、快速的特点，又具有积分控制能消除余差的性能，因此比例积分控制规律是生产上常用的控制规律。

对式（1-9）取拉氏变换，可得比例积分控制器的传递函数：

$$G_C(s) = \frac{U(s)}{E(s)} = K_C \left(1 + \frac{1}{T_I s} \right) \qquad\qquad (1-10)$$

5. 微分控制规律（D）

具有微分控制规律（D）的控制器，其输出 Δu 与偏差 e 的关系可用式（1-11）表示：

$$\Delta u = T_D \frac{\mathrm{d}e}{\mathrm{d}t} \qquad\qquad (1-11)$$

式中，T_D——微分时间。

由式（1-11）可以看出，微分控制作用的输出大小与偏差变化的速度成正比。对于一个固定不变的偏差，不管这个偏差有多大，微分作用的输出总是零，这是微分作用的特点。

如图 1-8 所示微分特性，如果控制器的输入是一阶跃信号，按式（1-11），微分控制器的输出如图 1-8（b）所示，在输入变化的瞬间，输出趋于 ∞ 。在此以后，由于输入不再变化，输出立即降到零，这种控制作用称为理想微分控制作用。

由于调节器的输出与调节器输入信号的变化速度有关，变化速度越快，调节器的输出就越大。如果输入信号恒定不变，则微分调节器就没有输出，因此微分调节器不能用来消除静态偏差。而且当偏差的变化速度很慢时，输入信号即使经过时间的积累达到很大的值，微分调节器的作用也不明显，所以这种理想微分控制作用一般不能单独使用，也很难实现。

如图 1-8（c）所示是实际的近似微分控制作用。在阶跃输入发生时刻，输出 Δu 突然上升到一个较大的有限数值（一般为输入幅值的 5 倍或更大），然后呈指数曲线衰减至某个数值（一般等于输入幅值）并保持不变。

对式（1-11）进行拉氏变换，可得理想微分控制器规律的传递函数：

$$G_C(s) = \frac{U(s)}{E(s)} = T_D s \tag{1-12}$$

如图 1-9 所示为理想微分控制规律的 Bode 图。

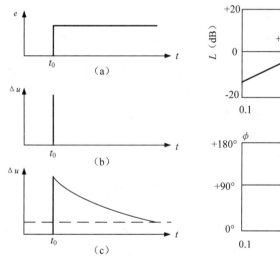

图 1-8　微分控制器特性

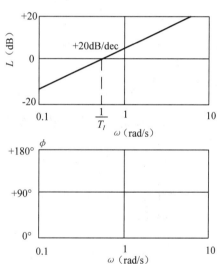

图 1-9　理想微分控制规律的 Bode 图

6. 比例积分微分控制规律（PID）

比例积分微分控制规律（PID）的输入输出关系可用下面公式表示：

$$\Delta u = \Delta u_P + \Delta u_I + \Delta u_D = K_C \left(e + \frac{1}{T_I} \int e \, dt + T_D \frac{de}{dt} \right) \tag{1-13}$$

由式（1-13）可见，PID 控制作用的输出分别是比例、积分和微分三种控制作用输出的叠加。

当输入偏差 e 为一幅值为 A 的阶跃信号时，实际 PID 控制器的输出特性如图 1-10 所示。

如图 1-11 所示 PID 控制规律的 Bode 图，图中显示，实际 PID 控制器在阶跃输入下，开始时微分作用的输出变化最大，使总的输出大幅度地变化，产生强烈的"超前"控制作用，这种控制作用可看成是"预调"。然后微分作用逐渐消失，积分作用的输出逐渐占主导地位，只要余差存在，积分输出就不断增加,这种控制作用可看成是"细调",一直到余差完全消失,积分作用才有可能停止。而在 PID 控制器的输出中,比例作用的输出是自始至终与偏差相对应的,它一直是一种最基本的控制作用。在实际 PID 控制器中,微分环节和积分环节都具有饱和特性。

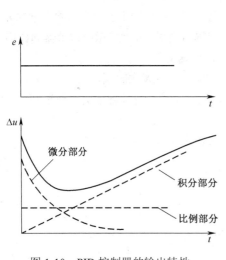

图 1-10　PID 控制器的输出特性

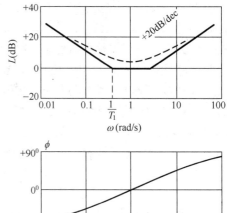

图 1-11　PID 控制规律的 Bode 图

PID 控制器可以调整的参数是 K_C、T_I、T_D,适当选取这三个参数的数值,可以获得较好的控制质量。

对式(1-13)进行拉氏变换,可得 PID 控制规律的传递函数:

$$G_C(s) = K_C \left(1 + \frac{1}{T_I s} + T_D s \right) \tag{1-14}$$

由于 PID 控制规律综合了比例、积分、微分三种控制规律的优点,具有较好的控制性能,因而应用范围更广,在温度和成分控制系统中得到更为广泛的应用。

需要说明的是,对于一台实际的 PID 控制器,K_C、T_I、T_D 的参数均可以调整。如果把微分时间调到零,就成为一台比例积分控制器;如果把积分时间放大到最大,就成为一台比例微分控制器;如果把微分时间调到零,同时把积分时间放到最大,就成为一台纯比例控制器。

表 1-2 给出了各种控制规律的特点及适用场合,以供比较选用。

表 1-2　各种控制规律的特点及适用场合

控制规律	输入 e 与输出 p（或 Δp）的关系式	阶跃作用下的响应（阶跃幅值为 A）	优缺点	适用场合
位式	$P = P_{\max}\ (e > 0)$ $P = P_{\min}\ (e < 0)$		结构简单,价格便宜;控制质量不高,被控变量会振荡	对象容量大,负荷变化小,控制质量要求不高,允许等幅振荡

续表

控制规律	输入 e 与输出 p（或 Δp）的关系式	阶跃作用下的响应（阶跃幅值为 A）	优缺点	适用场合
比例（P）	$\Delta p = K_C e$	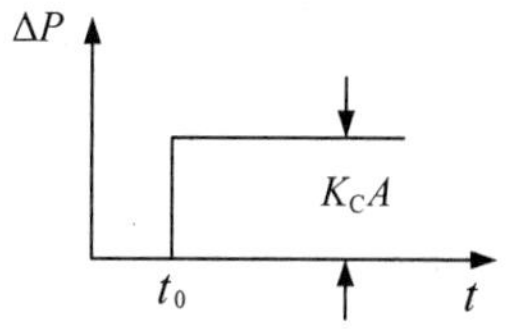	结构简单，控制及时，参数整定方便；控制结果有余差	对象容量大，负荷变化不大、纯滞后小，允许有余差存在，常用于塔釜液位、贮槽液位、冷凝液位和次要的蒸汽压力等控制系统
比例积分（PI）	$\Delta P = K_C \left(e + \dfrac{1}{T_I} \int e \, dt \right)$	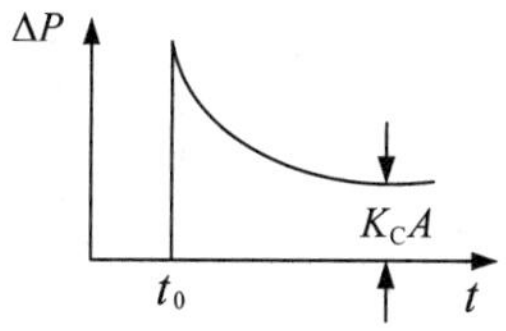	能消除余差；积分作用控制慢，会使系统稳定性变差	对象滞后较大，负荷变化较大，但变化缓慢，要求控制结果无余差。广泛用于压力、流量、液位和那些没有大的时间滞后的具体对象
比例微分（PD）	$\Delta P = K_C \left(e + T_D \dfrac{de}{dt} \right)$	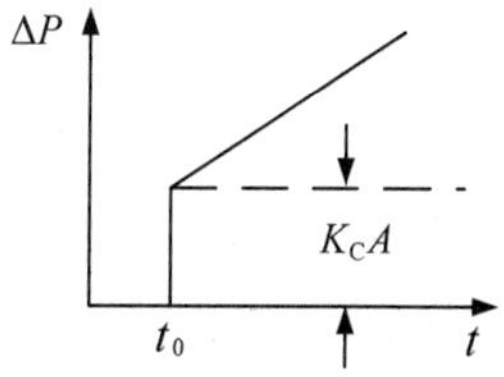	响应快、偏差小、能增加系统稳定性，有超前控制作用，可以克服对象的惯性；但控制作用余差	对象滞后大，负荷变化不大，被控变量变化不频繁，控制结果允许有余差存在
比例积分微分（PID）	$\Delta P = K_C \left(e + \dfrac{1}{T_I} \int e \, dt + T_D \dfrac{de}{dt} \right)$	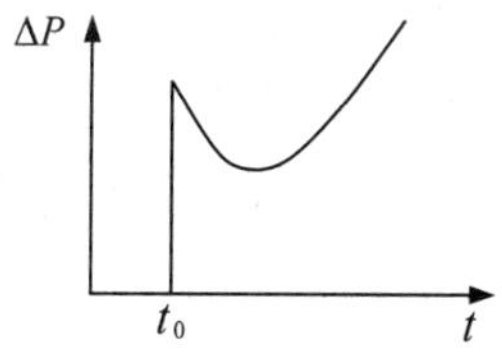	控制质量最高，无余差；但参数整定较麻烦	对象滞后大，负荷变化较大，但不甚频繁；对控制质量要求高。常用于精馏塔、反应器、加热炉等温度控制系统及某些成分控制系统

1.1.3　任务分析与实施

1.1.3.1　任务分析

以锅炉汽包水位控制系统为例，分析过程控制原理，绘出过程控制系统的方框图，分析控制系统中常用的名词术语，根据比例度、积分时间和微分时间对控制系统的影响，选择控制器的类型和控制规律；选择控制器参数的整定方法；进行过程控制系统的整定。

1.1.3.2　任务实施

以锅炉汽包水位控制系统为例，分析过程控制系统。

1. 过程控制系统的控制原理

如图 1-12 所示为锅炉汽包水位自动控制示意图。锅炉汽包水位控制系统的控制原理为：液位测量变送器检测锅炉汽包水位的变化，并将汽包水位高低这一物理量转换成仪表间的标准统一信号。控制器接受液位测量变送器的输出标准统一信号，与工艺控制要求的目标水位信号相比较得出偏差信号的大小和方向，并按一定的规律运算后输送一个对应的标准统一信号。控制阀接受控制器的输出信号后，根据信号的大小和方向控制阀门的开度，从而改变给水量，经过反复测量和控制使锅炉汽包水位达到工艺控制要求。

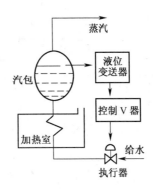

图 1-12　锅炉汽包水位自动控制

2. 过程控制系统的方框图

在研究过程控制系统时，为了便于对系统进行分析研究，可以采用方框图的形式来表示过程控制系统的结构、各个组成环节之间的相互关系和信号间的联系。

过程控制系统往往将表示各环节的方块根据信号流的关系排列起来，组成系统方框图。所以系统方框图是由传递方块、信号线（带有箭头的线段）、综合点、分支点构成的表示控制系统组成和作用的图形。

（1）方框：表示系统中的一个组成部分，称为"环节"。

（2）带箭头的线段：表示两个环节间的相互信号关系及作用方向。

（3）字母：表示环节间相互作用的信号参数。

例如图 1-12 中的锅炉汽包水位自动控制可以用图 1-13 的方框图形式来表示。

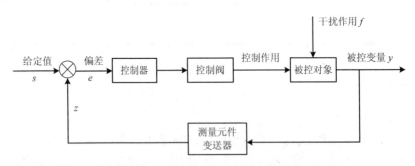

图 1-13　锅炉汽包水位控制系统的方框图

可以将检测元件与变送器、控制阀、控制对象合为一个整体，称之为广义对象，将方框图变成简化方框图，如图 1-14 所示。

3. 过程控制系统中常用的名词术语

以锅炉汽包水位控制系统为例，过程控制系统有以下常用的名词术语。

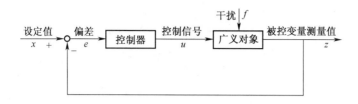

图 1-14　锅炉汽包水位控制系统的简化方框图

（1）被控对象：需要实现控制的设备、机器或生产过程，称为被控对象，这里是锅炉。

（2）被控变量 $y(t)$：对象内要求保持设定值（接近恒定值或按预定规律变化）的物理量，称为被控变量，被控变量是表征生产设备或过程运行状况，需要加以控制的变量。也是过程控制系统的输出量，用 y 表示。这里是锅炉液位。

（3）操纵变量 $q(t)$：受调节器操纵，用以使被控变量达到给定值的变量叫做操纵变量。这里是锅炉给水。用来实现控制作用的物料一般称为操纵介质或操纵剂。

（4）干扰（扰动）$f(t)$：在生产过程中，凡是影响被控变量的各种外来因素都叫干扰或扰动。它是过程控制系统的输入量，常用 f 表示。负荷变化就是一种典型的扰动，如蒸汽用量的变化对锅炉水位控制是一种典型干扰。

（5）设定值 $x(t)$：也称为给定值，是一个与控制要求（期望值）被控变量相对应的信号值，是过程控制系统的输入量。

（6）测量值 z：测量值是检测元件与变送器的输出信号值。

（7）偏差 $e(t)$：偏差理论上应该是被控变量的设定值与实际值之差。但是能够直接获取的是被控变量的测量值信号而不是实际值，因此，在过程控制系统中，通常把给定值与测量值之差称做偏差，常用 e 表示，即：$e(t) = x(t) - z(t)$。

（8）反馈：把系统的输出信号通过检测元件与变送器又引回到系统输入端的作法称为反馈。当系统输出端送回的信号取负值与设定值相加时，属于负反馈；当反馈信号取正值与设定值相加时，属于正反馈。过程控制系统一般采用的是负反馈。

4. 控制规律的应用

（1）采样周期

PID 控制程序是周期性执行的，执行的周期称为采样周期。采样周期越小，采样值越能反映模拟量的变化情况。但是采样周期太小会增加 CPU 的运算工作量，相邻两次采样的差值几乎没有什么变化，将使 PID 控制器输出的微分部分接近为零，所以也不宜将采样周期取得过小。

采样周期应保证在被控量迅速变化时（例如启动过程中的上升阶段），能有足够多的采样点数，不致因为采样点数过少而丢失被采集的模拟量中的重要信息，表 1-3 给出了过程控制中采样周期的经验数据。

表 1-3　过程控制中采样周期的经验数据

被控制量	流量	压力	温度	液位
采样周期（s）	1～5	3～10	15～20	6～8

（2）控制规律的应用

液位过程控制，其对象时间常数范围较大，对只需要实现定值液位控制的地方，宜采用纯比例控制，比例度要大，一般不用微分作用，要求较高时应加入积分作用，采用 P 或 PI 控制规律。

流量过程控制，是典型的快速系统，时间常数小，对象的容量值后效，被控变量有波动，测量信息中杂有噪音。对于这种过程，不用微分作用，宜采用 PI 控制规律，且比例度要大，积分时间可小。

温度过程控制，其对象容量滞后较大，被控变量受干扰后变化迟缓，宜采用 PID 控制规律。一般选用较小的比例度，较大的积分时间，同时要加入微分作用，微分时间是积分时间的四分之一。

压力过程控制，介质为液体时间常数小，通常为快速系统，对象的容量滞后一般较小，其参数的整定原则与流量系统的整定原则相同。但在某些情况下，压力系统也会成为慢速系统，这类系统的参数整定原则按照典型的温度系统。

如图 1-15 所示同一对象在相同阶跃扰动下，采用不同控制规律时具有相同衰减率的响应过程。

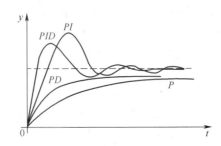

图 1-15　各种控制规律对应的响应过程

5. 控制器参数的工程整定

一个过程控制系统的过渡过程或者控制质量，与被控对象特性、干扰的形式与大小、控制方案的确定及控制器参数的整定有着密切的关系。在控制方案、广义对象特性、干扰位置、控制规律都已确定的情况下，系统的控制质量主要取决于控制系统的参数整定。所谓过程控制系统的整定，就是对于一个已经设计并安装就绪的过程控制系统，通过控制器参数的调整，使得系统的过渡过程达到最为满意的质量指标要求，具体来说，就是按照已确定的控制方案，求取使控制质量最好的控制器参数值，也就是确定最合适的控制器比例度 δ、积分时间 T_I 和微分时间 T_D。

调节器参数整定方法有很多种，通常分为两大类：理论计算法和工程整定法。

理论计算法包括根轨迹法、频率响应法、偏差积分准则（ISE、IAE 或 ITAE）等方法。这些方法的共同特点是：必须知道被控对象的特性，根据广义对象的数学模型和性能要求，然后通过理论计算来确定调节器的最佳参数。

工程整定法，也称工程实验法，就是避开被控对象的特性和数学描述，在已经投运的实际控制系统中，通过对典型输入响应曲线所得到的特征量，然后查照经验表，来确定控制器的最佳参数。

常用的工程整定法主要有经验凑试法、临界比例度法、衰减曲线法、动态特性参数法，共四种方法。

（1）经验凑试法

经验凑试法是根据经验数据，先将控制器的参数置于一定的数值上，然后通过不断观察过渡过程曲线，运用 δ、T_I、T_D 对过渡过程的影响为指导，按照规定顺序，对 δ、T_I、T_D 逐个整定，直到获得满意的过渡过程为止。

经验凑试法方法简单、应用广泛，适用于各种控制系统，特别是外界扰动作用频繁、记录曲线不规则的控制系统，采用此法最为合适。但经验凑试法主要是靠经验，在缺乏实际经验或过渡过程本身较慢时，往往较为费时。若将过程控制系统按照液位、流量、温度和压力等参数来分类，则属于同一类别的系统，其对象往往比较接近，所以无论是控制器形式还是所整定的参数均可相互参考。

表 1-4 所示为经验法整定参数的参考数据，在此基础上，对调节器的参数作进一步修正。若需加微分作用，微分时间常数按 $T_D = (\frac{1}{3} \sim \frac{1}{4})T_I$ 计算。

表 1-4　控制器参数的经验数据

系统	被控对象特点	参数		
		δ（%）	T_I（min）	T_D（min）
温度	多容过程，对象容量滞后较大，比例度要小，T_I 要大，应加微分	20～60	3～10	0.5～3
流量	对象时间常数小，参数有波动，并有噪声。比例度较大，积分较小，不使用微分	40～100	0.1～1	
压力	对象时间常数一般较小，不用微分	30～70	0.4～3	
液位	一般液位质量要求不高	20～80		

（2）临界比例度法

临界比例度法又称为 Ziegler-Nichols 方法，早在 1942 年就已提出，这种整定方法是在闭环情况下进行的，它求取在纯比例作用下的闭环系统为等幅振荡过程时的比例度和振荡周期。然后，根据经验公式计算相应的调节器参数，通常将等幅振荡下的比例度和振荡周期称为临界比例度和临界周期。

临界比例度法整定的具体步骤：设 $T_I = \infty$，$T_D = 0$，使调节器工作在纯比例情况下，将比例度由大逐渐变小，作小幅度的设定值阶跃干扰，使系统的输出响应呈现等幅振荡，如图 1-16 所示。根据临界比例度 δ_K 和振荡周期 T_S，按表 1-5 所列的经验算式，求取调节器的参考参数值，这种整定方法是以得到 4:1 衰减为目标。

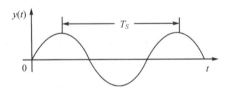

图 1-16　具有周期 T_S 的等幅振荡

临界比例度法的特点是应用简单方便，但此法有一定限制。首先要产生允许受控变量能承受等幅振荡的波动，其次受控对象应是二阶和二阶以上或具有纯滞后的一阶以上环节，否则在比例控制下，系统是不会出现等幅振荡的。在求取等幅振荡曲线时，应特别注意，不能使控制阀出现全关、全开的极限状态，否则由此获得的等幅振荡实际上是"极限循环"，从线性系统概念上说系统早已发散了。

（3）衰减曲线法（阻尼振荡法）

衰减曲线法是系统在纯比例作用下运行，通过使系统产生衰减比为 4:1 或 10:1 的衰减振荡，得到该衰减曲线对应的比例度 δ_S 和衰减周期 T_S，然后根据表 1-6 所列的经验公式求取控制器的各参数值。

表 1-5　临界比例度法整定控制器参数经验公式

调节器名称 ＼ 调节器参数	δ（%）	T_I（min）	T_D（min）
P 调节器	$2\delta_K$		
PI 调节器	$2.2\delta_K$	$0.85T_K$	
PID 调节器	$1.7\delta_K$	$0.5T_K$	$0.125T_K$

表 1-6　4:1 衰减曲线法整定控制器参数经验公式

调节器名称 ＼ 调节器参数	δ（%）	T_I（min）	T_D（min）
P 调节器	$2\delta_S$		
PI 调节器	$1.2\delta_S$	$0.5T_S$	
PID 调节器	$0.8\delta_S$	$0.3T_S$	$0.1T_S$

衰减曲线法的具体步骤：在闭环系统中，先把调节器设置为纯比例作用，然后把比例度由大逐渐减小，加阶跃扰动观察输出响应的衰减过程，直至出现图 1-17 所示的 4:1 衰减过程为止。这时的比例度称为 4:1 衰减比例度，用 δ_S 表示。相邻两波峰间的距离称为 4:1 衰减周期 T_S。根据 δ_S 和 T_S，运用表 1-6 所示的经验公式，就可计算出调节器预整定的参数值。

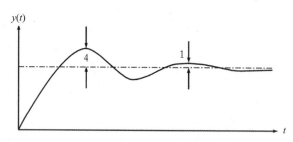

图 1-17　4:1 衰减曲线法图形

衰减曲线法优点是计算简单，适用于一般情况下各种参数的控制系统。缺点是难于确定 4:1 的衰减程度，从而较难得到准确的 δ、T_I 及 T_D 的值，对于扰动频繁、记录曲线不规则的系统不适宜采用衰减曲线法。

（4）动态特性参数法

如果被控对象是一阶惯性环节，或具有很小滞后的一阶惯性环节，用临界比例度法或阻尼振荡法（4:1 衰减）就有难度，此时应采用动态特性参数法进行整定。

动态特性参数法是根据系统开环广义过程阶跃响应特性进行近似计算的方法，即根据对象特性的阶跃响应曲线测试法测得系统的动态特性参数（K、T、τ 等），利用如表 1-7 所示经验公式，就可计算出对应于衰减率为 4:1 时调节器的相关参数。

表 1-7　经验计算公式

调节器名称 ＼ 调节器参数	δ（%）	T_I	T_D
P 调节器	$\dfrac{K_\tau}{T}\times100\%$		
PI 调节器	$1.1\dfrac{K_\tau}{T}\times100\%$	3.3τ	
PID 调节器	$0.85\dfrac{K_\tau}{T}\times100\%$	2τ	0.5τ

1.1.4　任务思考

1．举例说明过程控制系统的组成，画出系统方框图并说明每一部分仪表的作用。

2．一个典型的过程控制系统由哪几部分组成？说明各环节的输入、输出信号。

3．举例说明控制系统的工作过程。

4．过程控制的特点是什么？

5．过程控制按系统结构分为哪几种类型？

6．过程控制按给定值的特点分为哪几种类型？

7．什么是控制器的控制规律？控制器有哪些基本控制规律？

8．为什么要整定控制器参数？有几种常用的整定方法？

9．改变比例度 δ 和积分时间 T_I 对系统的性能产生什么影响？

10．试述比例控制、比例积分控制、比例微分控制和比例积分微分控制的特点及使用场合？

任务二　过程控制系统的过渡过程

1.2.1　任务要求

分析过程控制系统的静态和动态特性；分析干扰对过程控制系统性能的影响；分析过程控制系统的性能指标；分析过程控制系统过渡过程的形式；分析影响过程控制系统过渡过程品质的主要因素；掌握过程控制系统的品质指标。

1.2.2　相关知识

1.2.2.1　过程控制系统的静态与动态

当一个过程控制系统的输入（给定和干扰）和输出恒定不变时，整个系统处于一种相对的平衡状态，系统的调节器、变送器、调节阀等环节都不改变原先的状态，它们的输出信号都处于相对静止状态，这种状态就是过程控制系统的静态，简单说，被控变量不随时间而变化的平衡状态称为静态或稳态。

一个过程控制系统原来处于相对平衡状态即静态，由于干扰的作用破坏了这种平衡时，被调参数就会跟着变化，从而使调节器等自动化装置也改变调节参数以克服干扰作用的影响，并力图使系统恢复平衡。从干扰发生开始，经过调节，直到系统重新平衡为止，在这段时间内，整个系统的各个环节和参数都处于变动状态之中，这种状态叫做过程控制系统的动态，简单说，被控变量随时间而变化的不平衡状态称动态。

研究一个过程控制系统，了解它的静态是必要的，但是了解它的动态更为重要。因为平衡（静态）是暂时的、相对的、有条件的，而不平衡（动态）才是普遍的、绝对的、无条件的。一个过程控制系统在正常工作时，总是处于一波未平、一波又起、波动不止、往复不息的动态过程中。因此，研究的重点是过程控制系统的动态。

被控对象的静态特性是指稳态时控制过程被控参数与控制变量之间的关系。过程控制系统在动态过程中，被调参数是不断变化的。被控对象的动态特性是指系统在动态过程中，被控参数与控制变量之间的关系。

1.2.2.2 干扰对过程控制系统性能的影响

1. 干扰的形式

过程控制系统在过渡过程中，被控变量随时间的变化规律首先取决于作用于系统的干扰形式。在生产中，出现的干扰是没有固定形式的，且多半属于随机性质。在分析和设计控制系统时，为了安全和方便，常选择一些定型的干扰形式，其中最常用的是阶跃干扰。

阶跃干扰（阶跃输入）的特点是非常突然、比较危险、对被控变量的影响最大，如果一个系统能有效地克服这类干扰，对其他干扰就能很好地克服，同时数学处理和分析简单。

2. 干扰进入过程控制系统中的不同位置

复杂的生产过程往往有多个干扰量，它们可以作用在系统的不同位置，如图 1-18 所示的扰动作用于不同位置的过程控制系统。同一形式、大小相同的扰动作用在系统中不同的位置所产生的静差是不一样的。对扰动产生影响的仅是扰动作用点前的那些环节。

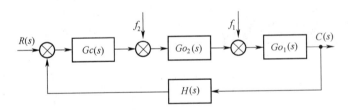

图 1-18　扰动作用于不同位置的过程控制系统

3. 干扰通道的放大系数、时间常数及纯滞后对控制系统的影响

干扰通道的放大系数 K_f 会影响干扰加在控制系统中的幅值。若控制系统是有差系统，则干扰通道的放大系数越大，系统的静差也就越大。

如果干扰通道是一惯性环节，令时间常数为 T_f，则阶跃扰动通过惯性环节后，其过渡过程的动态分量被滤波而幅值变小，即时间常数 T_f 越大，则控制系统的动态偏差就越小。

通常干扰通道中还会有纯滞后环节，它使被调参数的响应时间滞后一个 τ 值，但不会影响控制系统的调节质量。

1.2.3　任务分析与实施

1.2.3.1　任务分析

根据过程控制系统在阶跃干扰信号作用下，被控变量随时间的变化来分析过程控制系统的过渡过程,得到过程控制系统的性能指标和品质指标;根据影响过程控制系统过渡过程品质的主要因素,得到最佳控制系统的标准。

1.2.3.2　任务实施

1. 过程控制系统的过渡过程

（1）过程控制系统的过渡过程

一个处于平衡状态的过程控制系统在受到扰动作用后,被控变量发生变化,与此同时,控制系统的控制作用将被控变量重新稳定下来,并力图使其回到设定值或设定值附近。一个过程控制系统在给定值发生变化或系统受到干扰作用后,从原有稳定状态过渡到新的稳定状态的整个过程,称为过程控制系统的过渡过程。

（2）过程控制系统过渡过程的形式

过程控制系统在阶跃干扰信号作用下,被控变量随时间的变化有四种基本形式:非周期衰减、衰减振荡、等幅振荡和发散振荡。如图1-19所示为过程控制系统的过渡过程形式。

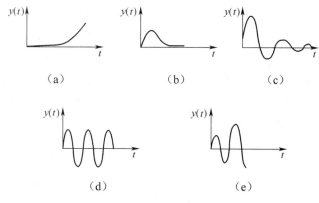

图1-19　过渡过程的基本形式

图1-19（a）中$y(t)$表示被控变量。

图1-19（b）为非周期衰减过程,它表明被控变量最终也能稳定下来,但由于过渡过程变化较慢,被控变量在控制过程中长时间地偏离给定值,而不能很快恢复平衡状态,所以一般情况下在工艺上是不允许的,只有在生产上不允许被控变量有波动的情况下才采用。

图1-19（c）为衰减振荡过程,也称为稳定过渡过程。它表明生产中被控变量经过一段时间的衰减振荡后,逐渐趋向原来或新的平衡状态,最终能重新稳定下来,这是我们所希望的。对于衰减振荡过程,由于能够较快地使系统达到稳定状态,所以在多数情况下,都希望过程控制系统在阶跃输入作用下,能够得到图中曲线所示的过渡过程。

图1-19（d）为等幅振荡过程,它表示系统受到阶跃干扰后,被控变量将作振幅恒定的振荡而不能稳定下来,过渡过程形式介于不稳定与稳定之间,一般也认为是不稳定过程,生产上一般不允许采用。只有对于某些控制质量要求不高的场合,如果被控变量允许在工艺许可的范围内振荡（主要指在位式控制时）,那么这种过渡过程的形式是可以采用的。

图1-19（e）所示过渡过程是发散振荡过程,也称为不稳定过渡过程,它表明这个控制系统在受到阶跃干扰作用后,其被控变量在控制过程中不能达到平衡状态,而且逐渐远离给定值,越来越剧烈地振荡起来,会导致被控变量超越工艺允许范围,严重时会使系统处于难以控制的状态引起事

故，显然，这类过渡过程的控制系统是不能满足生产要求的，应竭力避免。

总之，对过程控制系统过渡过程的要求，首先是稳定，其次应是一个衰减振荡过程。衰减振荡过渡过程时间较短，容易看出被控变量的变化趋势。在大多数情况下，要求过程控制系统过渡过程是一个衰减振荡的过渡过程。

2. 过程控制系统的性能指标

过程控制系统的基本性能指标通常是指系统的稳定性、准确性和快速性。

（1）稳定性。稳定性是指过程控制系统受到干扰作用时，系统在经过一段时间后，过渡过程就会结束，最终恢复到稳定工作状态。稳定性是系统能否正常工作的首要条件。

（2）准确性。准确性是指系统稳定时被控变量与给定值之间的差别程度，一般用余差来表示，它反映了系统的稳态精度。若系统的余差为零，则称为无差系统，否则称为有差系统。

（3）快速性。快速性是指系统的输出对输入作用的响应快慢程度，过渡过程时间越短，说明快速性越好。

3. 过程控制系统的品质指标

过程控制系统的过渡过程是衡量控制系统品质优劣的重要依据。在多数情况下，希望得到衰减振荡过程，所以一般选取衰减振荡的过渡过程形式来讨论控制系统的品质指标。对一般的过程控制系统，从稳定性理论出发，常采用八个指标，即余差、衰减比、最大偏差、峰值时间、延迟时间、上升时间、过渡时间及振荡周期（或频率）。这些指标一般是通过系统的参数整定来实现的。

图 1-20 是一个典型的过程控制系统在外界阶跃扰动作用下的过渡过程曲线，对此曲线，用过渡过程质量指标来衡量控制系统的好坏时，从中可以得到该控制系统的品质指标。

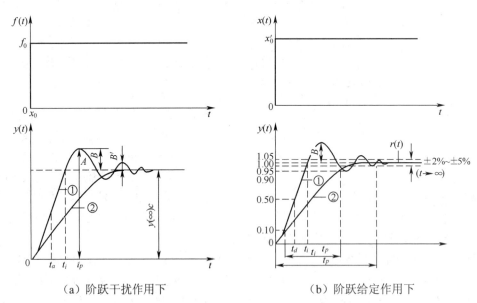

（a）阶跃干扰作用下　　　　　　　（b）阶跃给定作用下

图 1-20　过渡过程质量指标示意图

（1）余差（C）

余差是指控制系统受到干扰后，过渡过程结束时，被控变量所达到的新的稳态值 $y(\infty)$ 与给定值 x 之间的偏差。或者说余差就是过渡过程终了时被控变量的残余偏差，偏差的数值可正可负。在

图 1-20 中用 C 表示，即

$$C = y(\infty) - x \qquad (1-15)$$

余差表征了控制系统的准确性，是衡量控制系统稳态性能的指标。

过程控制系统的余差要满足工艺要求，有的过程控制系统工艺上不允许有余差，即 $C=0$。

（2）衰减比（n）

衰减比是表征被控变量衰减程度的指标，它是指系统受到干扰后，过渡过程曲线同方向的前后相邻两个峰值之比，用 n 表示。在图中衰减比是 B:B'。习惯上表示为 n:1。一般取 4:1 到 10:1 之间时，过渡过程开始阶段的变化速度比较快，能比较快地达到一个峰值，然后马上下降又较快地达到一个低峰值，而且第二个峰值远远低于第一个峰值。

（3）最大偏差（或超调量）

最大偏差是指在过渡过程中，被控变量偏离设定值的最大数值，表示被控变量偏离给定值的最大程度。对于一个衰减的过渡过程，最大偏差就是第一个波的峰值，在图 1-20 中以 A 表示。A 值就是被控变量所产生的最大动态偏差，对于一个没有余差的过渡过程来说，A=B。

有时也可以用超调量来表征被控变量偏离给定值的程度，即过渡过程曲线超出新稳态值的最大值，在图 1-20 中超调量以 B 表示。从图中可以看出，超调量 B 是第一个峰值 A 与新稳态值 C 之差，即 B=A-C。

对于有差控制系统，超调量习惯上用百分数 σ 来表示，即

$$\sigma = \frac{A - y(\infty)}{y(\infty)} \times 100\% = \frac{B}{C} \times 100\% \qquad (1-16)$$

（4）峰值时间（t_p）

峰值时间是指过渡过程曲线达到第一个峰值所需要的时间，一般用 t_p 表示。

（5）延迟时间（t_d）

延迟时间是指被控变量达到 50% 所需的时间，一般用 t_d 表示。

（6）上升时间（t_r）

上升时间是指被控变量第一次达到稳态值所需的时间，一般用 t_r 表示。当过渡过程为非震荡周期震荡过程时，定义为输出量从稳态值 10% 上升到 90% 所需的时间。

（7）过渡时间（t_s）

过渡时间，又称回复时间、控制时间或调节时间，它表示从干扰作用开始，到系统重新建立平衡为止，过渡过程所经历的时间，图 1-20 中以 t_S 来表示。过渡过程时间愈短愈好。一般是在稳态值的上下规定一个小的范围，当被控变量进入这一范围并不再越出时，就认为被控变量已经达到新的稳态值，或者说过渡过程已经结束。这个范围一般规定为稳态值的过渡时间。按照这个规定，过渡时间就是从干扰开始作用之时起，直至被控变量进入新稳态值的 ±5% 的范围内并且不再越出时为止所经历的时间。

（8）振荡周期（T）或频率（f）

过渡过程同向两个波峰（或波谷）之间的间隔时间称为振荡周期或工作周期，在图 1-20 中用 T 表示。其倒数称为振荡频率，一般用 f 表示。在衰减比相同的情况下，周期与过渡时间成正比，因此一般希望振荡周期越短越好。

【例题 1-1】某石油裂解炉工艺要求的操作温度为 890±10℃，为了保证设备的安全，在过程控制中，辐射管出口温度偏离设定值最高不得超过 20℃。温度控制系统在单位阶跃干扰作用下的

过渡过程曲线如图 1-21 所示。试分别求出最大偏差、余差、衰减比、振荡周期和过渡时间等过渡过程质量指标。

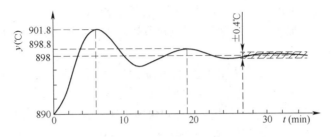

图 1-21　裂解炉温度控制系统过渡过程曲线

解：

（1）最大偏差：A=901.8–890=11.8(℃)；

（2）余差：C=898-890=8(℃)；

（3）第一个波峰值：B=901.8-898 = 3.8(℃)，第二个波峰值：B'=898.8-898=0.8(℃)，

衰减比：n = 3.8:0.8 = 4.75:1；

（4）振荡周期：T=19-6=13(min)；

（5）过渡时间与规定的被控变量限制范围大小有关。假定被控变量进入额定值的±5%，就可以认为过渡过程已经结束。那么限制范围为(898℃-890℃)×(±5%)=±0.4(℃)，这时，可在新稳态值（898℃）侧以宽度为±0.4℃画一区域，图 1-21 中以画有阴影线的区域表示，只要被控变量进入这一区域且不再越出，就可以认为过渡过程已经结束。因此，从图上可以看出，过渡时间大约为 t_s = 27min。

4. 影响过程控制系统过渡过程品质的主要因素

一个过程控制系统包括两大部分，即工艺过程部分（被控对象）和自动化装置。工艺过程部分是指与该过程控制系统有关的部分，自动化装置指的是为实现自动控制所必需的自动化仪表设备，通常包括测量与变送、控制器和执行器等三部分。对于一个过程控制系统，过渡过程品质的好坏，很大程度上决定于对象的性质。

下面通过蒸汽加热器温度控制系统来说明影响对象性质的主要因素，如图 1-22 所示，从蒸汽加热器温度控制系统结构分析可知，影响过程控制系统过渡过程品质的主要因素有：换热器的负荷的波动；换热器设备结构、尺寸和材料；换热器内的换热情况、散热情况及结垢程度等。对于已有的生产装置，对象特性一般是基本确定。自动化装置应按对象性质加以选择和调整。自动化装置的选择和调整不当，也直接影响控制质量。此外，在控制系统运行过程中，自动化装置的性能一旦发生变化，如阀门失灵、测量失真，也要影响控制质量。

5. 误差性能指标

（1）误差定义

为评定误差和调节时间最小，常采用一种误差绝对值积分指标来衡量，它是以稳态值为基准来定义误差：

$$\varepsilon(t) = y(\infty) - y(t) \tag{1-17}$$

$$IAE = \int_0^\infty |\varepsilon(t)| \mathrm{d}t \tag{1-18}$$

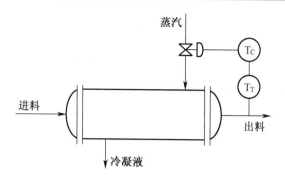

图 1-22　蒸汽加热器温度控制系统

用积分综合表示整个过渡过程中动态误差的大小。式（1-18）定积分代表图 1-23 中划线部分的总面积。它的意义是，在过渡过程中被控量的偏差（不分正负）对于时间的累积数字越小越好。这个积分综合表示了偏差的大小和持续的时间，所以积分面积最小表示偏差小和过程快。

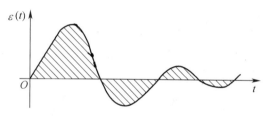

图 1-23　误差绝对值对时间的积分

（2）其他误差指标

除了以上误差绝对值积分指标外，还可以采用其他的积分指标，例如希望误差平方积分最小等，现将常用的误差性能指标列于表 1-8 中。

表 1-8　误差性能指标

名称	表达式	备注
平方误差积分指标（ISE）	$ISE = \int_0^\infty e^2(t)\mathrm{d}t$	积分下限是过渡过程开始的时间，积分上限∞可以由选择足够大的时间 t_s 来代替，当 $t > t_s$ 时，$e(t)$足够小，可以忽略
时间乘平方误差积分指标（ITSE）	$ITSE = \int_0^\infty te^2(t)\mathrm{d}t$	
绝对误差积分指标（IAE）	$IAE = \int_0^\infty \left|e(t)\right|\mathrm{d}t$	
时间乘绝对误差积分指标（ITAE）	$ITAE = \int_0^\infty t\left|e(t)\right|\mathrm{d}t$	

（3）典型最佳控制系统的标准

生产过程中有各种控制对象，它们对控制器的特性有不同的要求，选择适当的控制规律和整定参数，使控制器性能和控制对象配合好，以便得到最好的控制效果。在一般情况下，可以根据控制系统在阶跃干扰作用下过渡过程来判定控制效果。总的来说，对控制系统可以提出稳定性、准确性和快速性三方面要求，而这三方面往往又互相矛盾。稳定性总是首先要考虑的因素，一般都要求被控量的波动具有一定的衰减率，例如 0.75 或更高。也就是经过一到两个振荡周期以后就看不出波动了，在稳定的前提下尽量满足准确性和快速性的要求。

典型最佳控制系统的标准是：在阶跃的干扰作用下，保证调节过程波动的衰减率 $\psi=0.75$（衰减率 ψ 是指 $\psi = \dfrac{B_1 - B_2}{B_1} \times 100\%$）或更高的前提下，使过程的最大动态偏差、静态偏差和调节时间最小，也称"稳、准、快"。

1.2.4　任务思考

1．什么是系统的静态？什么是系统的动态？
2．什么是控制系统的过渡过程？
3．过渡过程有几种基本形式？分析过渡过程有什么意义？
4．举例分析影响过程控制系统过渡过程品质的主要因素有哪些？
5．描述系统过渡过程的质量指标有哪些？
6．干扰作用点位置对控制质量有什么影响？
7．加热炉温度控制系统中，被控温度 T 的设定值为 175℃。设原已经稳定的系统在 t_0 时刻受到一单位阶跃扰动，致使 T 偏离设定值，经过一定的控制过程，到 t_1 时刻重新稳定在 174.1℃。从记录数据及曲线上看控制过程中被控温度的两个最大峰值分别为 185.5℃和 179℃。则根据控制系统品质指标的定义，可以确定该系统过渡过程的超调量为多少？

任务三　实训系统 ZHSK-2 控制功能实现

1.3.1　任务要求

分析 ZHSK-2 型过程控制实训系统的组成、特点、控制原理及应用；连接实训控制系统管路、电路，并熟练操作监控系统；熟练使用变送器、调节阀和变频器；选择控制器的类型和控制规律；选择控制器参数的整定方法；进行过程控制系统的投运。

1.3.2　相关知识

1.3.2.1　ZHSK-2 型过程控制实训系统概述

ZHSK-2 型过程控制实训系统是基于 PCS 现场总线控制，是集自动化仪表技术、计算机技术、通讯技术、自动控制技术为一体的多功能实训系统。系统包括流量、温度、液位等热工参数，可实现系统参数测定、单回路控制、串级控制、前馈控制、比值控制等多种控制形式。控制系统采用西门子的分布式 I/O 单元 ET200M，监控软件采用 SIMATIC WinCC。采用现场总线的液位变送器、压力变送器、涡轮流量计、变频器、电动调节阀、温度变送器以及分布式 I/O 模块。

ZHSK-2 型过程控制实训系统检测信号、控制信号及被控信号均符合 ICE 标准（即 1～5V 电压信号，4～20mA 电流信号）。ZHSK-2 型过程实训系统供电电源采用单相 220V 交流电源。

ZHSK-2 型过程控制实训系统采用西门子的现场总线过程控制系统，现场总线是基于全集成自动化思想的系统，其集成的核心是统一的过程数据库和唯一的数据库管理软件，所有的系统信息都存储于一个数据库中且只需输入一次，这样就大大增强了系统的整体性和信息的准确性。通讯采用符合 IEC61131-3 国际标准的编程软件和现场设备库，提供连续控制、顺序控制及高级编程语言。现场设备库提供大量常用的现场设备信息及功能块，可大大简化组态工作，缩短工程周期。具有 ODBC、OLE 等标准接口，应用以太网、PROFIBUS 现场总线等开放网络，具有很强的开放性，可以很容易地连接上位机管理系统和其他厂商的控制系统。

1.3.2.2 组态软件简介

1. 组态软件

组态软件，又称组态监控软件系统软件，译自英文 SCADA，即 Supervisory Control and Data Acquisition（数据采集与监视控制），是为用户提供快速构建工业自动控制系统监控功能的、通用层次的软件工具。组态软件的应用领域很广，可以应用于电力系统、给水系统、石油、化工等领域的数据采集与监视控制以及过程控制等诸多领域。

2. 组态软件作用

组态软件是有专业性的，一种组态软件只能适合某种领域的应用。组态的概念最早出现在工业计算机控制中，起源于 DCS（集散控制系统，DCS 由仪器，仪表发展而来）组态、发展于 PLC（可编程控制器，一种数字运算操作的电子系统，专为在工业环境应用而设计的）梯形图组态；人机界面生成软件就叫工控组态软件。在其他行业也有组态的概念，如 AutoCAD，Photoshop 等。不同之处在于，工业控制中形成的组态结果是用在实时监控的。从表面上看，组态工具的运行程序就是执行自己特定的任务。工控组态软件也提供了编程手段，一般都是内置编译系统，提供类BASIC 语言，有的支持 VB，有的支持 C#高级语言。

组态软件大都支持各种主流工控设备和标准通信协议，并且通常应提供分布式数据管理和网络功能。对应于原有的 HMI（人机接口软件，Human Machine Interface）的概念，组态软件还是一个使用户能快速建立自己的 HMI 的软件工具或开发环境。在组态软件出现之前，工控领域的用户通过手工或委托第三方编写 HMI 应用，开发时间长、效率低、可靠性差；或者购买专用的工控系统，通常是封闭的系统，选择余地小，往往不能满足需求，很难与外界进行数据交互，升级和增加功能都受到严重的限制。组态软件的出现使用户可以利用组态软件的功能，构建一套最适合自己的应用系统。随着它的快速发展，实时数据库、实时控制、SCADA、通讯及联网、开放数据接口、对 I/O 设备的广泛支持已经成为它的主要内容，监控组态软件将会不断被赋予新的内容。

3. 组态软件特点

组态为模块化任意组合，通用工业自动化组态软件使用户能根据自己的控制对象和控制目的的任意组态，完成最终的自动化控制工程。

通用组态软件主要特点：

（1）延续性和可扩充性。用通用组态软件开发的应用程序，当现场（包括硬件设备或系统结构）或用户需求发生改变时，不需作很多修改就能方便地完成软件的更新和升级。

（2）封装性，易学易用。通用组态软件所能完成的功能都用一种方便用户使用的方法包装起来，对于用户，不需掌握太多的编程语言技术，甚至不需要编程技术，就能很好地完成一个复杂工程所要求的所有功能。

（3）通用性。每个用户根据工程实际情况，利用通用组态软件提供的底层设备（PLC、智能仪表、智能模块、板卡、变频器等）的 I/O Driver、开放式的数据库和画面制作工具，就能完成一个具有动画效果、实时数据处理、历史数据和曲线并存、多媒体功能和网络功能的工程，不受行业限制。

4. 国外品牌的组态软件

国外品牌的组态软件主要有以下几种。

（1）InTouch：Wonderware（万维公司）是 Invensys plc "生产管理" 部的一个运营单位，是全球工业自动化软件的领先供应商。

Wonderware 的 InTouch软件是最早进入中国的组态软件。在 20 世纪 80 年代末、90 年代初，基于 Windows 3.1 的 InTouch软件曾让我们耳目一新，并且 InTouch 提供了丰富的图库。但是，早期的 InTouch软件采用 DDE 方式与驱动程序通信，性能较差，最新的 InTouch 7.0 版已经完全基于 32 位的 Windows 平台，并且提供了 OPC 支持。

（2）iFix：GE Fanuc 智能设备公司由美国通用电气公司（GE）和日本 Fanuc 公司合资组建，提供自动化硬件和软件解决方案，帮助用户降低成本，提高效率并增强其盈利能力。

Intellution 公司以 Fix 组态软件起家，1995 年被爱默生收购，现在是爱默生集团的全资子公司，Fix 6.x 软件提供工控人员熟悉的概念和操作界面，并提供完备的驱动程序（需单独购买）。20 世纪 90 年代末，Intellution 公司重新开发内核，并将新的产品系列命名为 iFix。在 iFix 中，Intellution 提供了强大的组态功能，将 Fix 原有的 Script 语言改为 VBA（Visual Basic for Application），并且在内部集成了微软的 VBA开发环境。为了解决兼容问题，iFix 里面提供了程序 Fix Desktop，可以直接在 Fix Desktop 中运行 Fix 程序。Intellution 的产品与 Microsoft 的操作系统、网络进行了紧密的集成。Intellution 也是 OPC（OLE for Process Control）组织的发起成员之一。iFix 的 OPC 组件和驱动程序同样需要单独购买。

2002 年，GE Fanuc 公司又从爱默生集团手中将 Intellution 公司收购。

2009 年 12 月 11 日，通用电气公司（GE）和 Fanuc 公司宣布，两家公司完成了 GE Fanuc 自动化公司合资公司的解散协议。根据该协议，合资公司业务将按照其起初来源和比例各自归还给其母公司，该协议使股东双方得以将重点放在其各自现有业务，谋求在其各自专长的核心业务内的发展。目前，iFix 等原 Intellution 公司产品均归 GE 智能平台（GE-IP）。

（3）Citech：悉雅特集团（Citect）是世界领先的提供工业自动化系统、设施自动化系统、实时智能信息和新一代 MES 的独立供应商。

CiT 公司的 Citech 也是较早进入中国市场的产品。Citech 具有简洁的操作方式，但其操作方式更多的是面向程序员，而不是工控用户。Citech 提供了类似 C 语言的脚本语言进行二次开发，但与 iFix 不同的是，Citech 的脚本语言并非是面向对象的，而是类似于 C 语言，这无疑为用户进行二次开发增加了难度。

（4）WinCC：西门子自动化与驱动集团（A&D）是西门子股份公司中最大的集团之一，是西门子工业领域的重要组成部分。

西门子的 WinCC 是一套完备的组态开发环境，西门子提供类 C 语言的脚本，包括一个专用的调试环境。WinCC 内嵌 OPC 支持，并可对分布式系统进行组态。但 WinCC 的结构较复杂，用户最好经过西门子的培训以掌握 WinCC 的应用。

（5）ASPEN-tech（艾斯苯公司）：艾斯苯公司是一个为过程工业（包括化工、石化、炼油、造纸、电力、制药、半导体、日用化工、食品饮料等工业）提供企业优化软件及服务的领先供应商。

（6）Movicon：是由意大利自动化软件供应商 PROGEA 公司开发。该公司自 1990 年开始开发基于 Windows 平台的自动化监控软件，可在同一开发平台完成不同运行环境的需要。特色之处在于完全基于 XML，又集成了 VBA 兼容的脚本语言及类似 STEP-7 指令表的软逻辑功能。

（7）GENESIS 64：美国著名独立组态软件供应商，创立于 1986 年。在 HMI/SCADA 产品和管理可视化开发领域一直处于世界领先水平，ICONICS 同时也是微软的金牌合作伙伴，其产品是建立在开放的工业标准之上的。2007 年推出了业内首款集传统 SCADA、3D、GIS 于一体的组态软件 GENESIS 64。

GENESIS 64 作为基于.NET 64 位平台全新设计的产品，为客户提供一个 360 度三维操作视景。产品具有功能三位一体、多维度集成、高度模块化、技术领先、开放架构、产品线丰富等特点。

5. 国内品牌的组态软件

（1）紫金桥 Realinfo：由紫金桥软件技术有限公司开发，该公司由中石油大庆石化总厂出资成立。

（2）Hmibuilder：由纵横科技（HMITECH）开发，实用性强，性价比高，市场主要搭配 HMITECH 硬件使用。

（3）世纪星：由北京世纪长秋科技有限公司开发，产品自 1999 年开始销售。

（4）三维力控：由北京三维力控科技有限公司开发，核心软件产品初创于 1992 年。

（5）组态王 KingView：由北京亚控科技发展有限公司开发，该公司成立于 1997 年。1991 年开始创业，1995 年推出组态王 1.0 版本，在市场上广泛推广 KingView 6.53、KingView 6.55 版本，每年销量在 10,000 套以上，在国产软件市场中市场占有率第一。

（6）MCGS：由北京昆仑通态自动化软件科技有限公司开发，市场上主要是搭配硬件销售。

（7）态神：态神是由南京新迪生软件技术有限公司开发，核心软件产品初创于 2005，是首款 3D 组态软件。

（8）uScada 免费组态软件：uScada 是国内著名的免费组态软件，是专门为中小自动化企业提供的监控软件方案。uScada 包括常用的组态软件功能，如画面组态、动画效果、通讯组态、设备组态、变量组态、实时报警、控制、历史报表、历史曲线、实时曲线、棒图、历史事件查询、脚本控制、网络等功能，可以满足一般的小型自动化监控系统的要求。软件的特点是小巧、高效、使用简单。uScada 也向第三方提供软件源代码进行二次开发，但是源码需收费。

（9）Controx（华富开物）：由北京华富远科技有限公司开发，软件版本分为通用版、嵌入版（CE）、网络版、分布式版本。

（10）E-Form++ 组态源码解决方案：E-Form++ 可视化源码组件库组态软件解决方案，该解决方案提供了全部 100% 超过 50 万行 Visual C++/MFC 源代码，可节省大量的开发时间。

（11）iCentroView：由上海宝信软件股份有限公司开发。具有平台支持、权限管理、冗余管理、集中配置、预案联动、多媒体集成、主流通讯协议、GIS 等功能，并拥有自身研发的实时数据库，为数据挖掘与利用提供必要条件。能够实现对底层设备的实时在线监测与控制（设备启停、参数调整等）、故障报警、事件查询、统计分析等功能。

（12）QTouch：由著名的 QT 类库开发而成，完全具有跨平台和统一工作平台特性，可以跨越多个操作系统，如 UNIX、Linux、Windows 等，同时在多个操作上实现统一工作平台，即可以在 Windows 上开发组态，在 Linux 上运行等。QTouch 是 HMI/SCADA 组态软件，提供嵌入式 Linux 平台的人机界面产品。

6. 组态软件功能

组态软件指一些数据采集与过程控制的专用软件，它是在自动控制系统监控层一级的软件平台和开发环境，能以灵活多样的组态方式（而不是编程方式）提供良好的用户开发界面和简捷的使用方法，它解决了控制系统通用性问题。其预设置的各种软件模块可以非常容易地实现和完成监控层的各项功能，并能同时支持各种硬件厂家的计算机和 I/O 产品，与高可靠的工控计算机和网络系统结合，可向控制层和管理层提供软硬件的全部接口，进行系统集成。

组态软件通常有以下几方面的功能：

（1）强大的界面显示组态功能。目前，工控组态软件大都运行于 Windows 环境下，充分利用 Windows 的图形功能完善界面美观的特点，可视化的风格界面、丰富的工具栏，操作人员可以直接进入开发状态，节省时间。丰富的图形控件和工况图库，既提供所需的组件，又是界面制作向导。提供给用户丰富的作图工具，可随心所欲地绘制出各种工业界面，并可任意编辑，从而将开发人员从繁重的界面设计中解放出来，丰富的动画连接方式，如隐含、闪烁、移动等，使界面生动、直观。

（2）良好的开放性。社会化的大生产，使得系统构成的全部软硬件不可能出自一家公司的产品，"异构"是当今控制系统的主要特点之一。开放性是指组态软件能与多种通信协议互联，支持多种硬件设备。开放性是衡量一个组态软件好坏的重要指标。

组态软件向下应能与低层的数据采集设备通信，向上能与管理层通信，实现上位机与下位机的双向通信。

（3）丰富的功能模块。提供丰富的控制功能库，满足用户的测控要求和现场要求。利用各种功能模块，完成实时监控产生功能报表、显示历史曲线、实时曲线、提供报警等功能，使系统具有良好的人机界面，易于操作，系统既可以是单机集中式控制、DCS 分布式控制，也可以是带远程通信能力的远程测控系统。

（4）强大的数据库。配有实时数据库，可存储各种数据，如模拟量、离散量、字符型等，实现与外部设备的数据交换。

（5）可编程的命令语言。有可编程的命令语言，使用户可根据自己的需要编写程序，增强图形界面。

（6）周密的系统安全防范，对不同的操作者，赋予不同的操作权眼，保证整个系统的安全可靠运行。

（7）仿真功能，提供强大的仿真功能使系统并行设计，从而缩短开发周期。

1.3.3 任务分析与实施

1.3.3.1 任务分析

分析 ZHSK-2 型过程控制实训系统对象、检测变送装置、执行机构、控制柜等组成单元，分析 PROFIBUS 现场总线控制硬件系统组成，选择 PROFIBUS 现场总线结构，列出 PROFIBUS 现场总线组成器件清单，列出 PROFIBUS 现场总线 I/O 分配表，选择 S7-300PLC 总线控制系统和远程数据采集的上位机监控组态软件和编程软件。

1.3.3.2 任务实施

1. ZHSK-2 型过程控制实训系统对象

ZHSK-2 型过程控制实训系统主要由控制对象、控制柜及上位监控 PC 机三部分组成。

ZHSK-2 型过程控制对象流程图如图 1-24 所示。

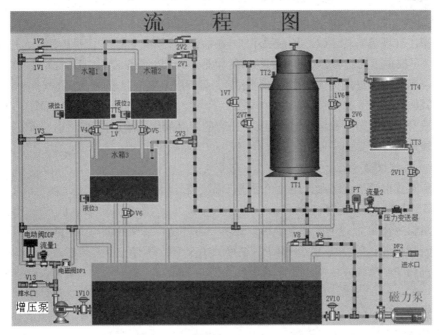

图 1-24　ZHSK-2 型过程控制对象流程图

ZHSK-2 型过程控制实训系统控制对象主要由水箱、锅炉和盘管三大部分组成。

系统动力支路有两路：一路由变频器、增压泵、电动调节阀、电磁阀、福斯达电磁流量计及手动调节阀组成；另一路由变频器、三相磁力驱动泵（220V 变频调速）、压力变送器、带 PA 电磁流量计及手动调节阀组成。

（1）被控对象

被控对象由不锈钢储水箱、有机玻璃上下水箱、不锈钢温控锅炉、盘管和敷塑不锈钢管道及配件等组成。

①水箱

水箱有两个上水箱，一个下水箱，均采用淡黄色优质有机玻璃，不但坚实耐用，而且透明度高，便于直接观察液位的变化和记录结果。水箱结构独特，由三个槽组成，分别为缓冲槽、工作槽和出水槽，进水时水管的水先流入缓冲槽，出水时工作槽的水经过带燕尾槽的隔板流入出水槽，这样经过缓冲和线性化的处理，工作槽的液位较为稳定，便于观察。上下水箱底部均接有扩散硅压力传感器与液位变送器，可对水箱的压力和液位进行检测和变送。

②储水箱

不锈钢储水箱，在两侧各与一磁力泵相连，为整个系统储水和供水，内有独特的结构设计和不锈钢过滤网，拆洗维护方便，以防杂物进入水泵和管道。

③不锈钢温控锅炉

不锈钢常压温控锅炉由加热层（锅炉内胆）、冷却层（锅炉夹套）、1.6kW 加热环、Pt100、温度变送器组成，利用电加热环加热。在温度控制时，冷却层的循环水可以使加热层的热量快速散发，使加热层的温度快速下降。冷却层和加热层都装有温度传感器检测其温度，可完成温度的定值控制、串级控制、解耦控制等。锅炉采用的是一根功率为 1600W 单相电加热环，用来对锅炉内胆内的水进行加温，加热环的电阻值约为 30Ω 左右。

④盘管

盘管模拟工业现场的管道输送和滞后环节，在盘管上有两个不同的温度检测点，它们的滞后时间常数不同，可根据不同的需要选择不同的温度检测点。盘管的出水通过手动阀门的切换既可以流入锅炉内胆，也可以经过压力变送器流回储水箱。盘管用来完成温度的滞后控制。

⑤管道及阀门

整个系统管道由敷塑不锈钢管连接而成，所有的手动阀门均采用优质球阀，彻底避免了管道系统生锈的可能性，有效提高了使用年限。

（2）检测变送装置

检测变送装置由液位变送器、压力变送器、温度变送器、带 PA 温度变送器、流量计等组成。

①液位变送器

液位变送器采用上海齐正信息电子科技有限公司产品，共有三个，其中两个是用来对两个上水箱的液位进行检测，其量程为 0～3KP，精度为 0.5 级；还有一个安装在对象设备中，是西门子公司生产的带 PA 总线液位变送器，量程设置为 0～50cm，输出信号：4～20mA DC，通讯地址设置为 10。

②压力变送器

压力变送器的作用是对水路进行压力检测，采用标准二线制传输方式，工作时需提供 24V 直流电源（PLC 提供），输出信号：4～20mA DC，其零点和量程调节都在出厂之前已调试好。

压力变送器采用上海齐正信息电子科技有限公司产品，工业用扩散硅压力变送器，带不锈钢隔离膜片，其量程为 0～10KP，精度为 0.5 级，同时采用信号隔离技术，对传感器温度漂移跟随补偿。

③温度变送器

PT100 铂热电阻温度传感器用来检测锅炉内胆、锅炉夹套、盘管的测试点温度。PT100 测温范围：0～+100℃。经过调节器的温度变送器，可将温度信号转换成 4～20mA 直流电流信号。

锅炉夹套、盘管的 PT100 是和安装在控制柜内电气控制接线底板上的温度变送器连接进行工作的，装在锅炉内胆的 PT100 与安装在对象设备中的带 PA 温度变送器配合使用。

PT100 铂热电阻温度传感器的主要特点是测量精度高，性能稳定，热补偿性较好。测温探头部分采用抗震耐腐材质，使用寿命延长。卡套螺纹固定形式，能调节插入的深度，外加密封元件，加强了密封性，使介质不易外泄。采用高精度铂热电阻元件，测量温度更加精确。引线采用四芯金属屏蔽线，抗干扰性强。

④带 PA 温度变送器

带 PA 温度变送器采用西门子公司产品，量程设置为 0～+100℃，输出信号：4～20mA DC，通讯地址设置为 15。

带 PROFIBUS PA 接口的总线型变送器，可以在任何行业中使用带 PROFIBUS PA 接口的总线设备，也可集成（如与 SITRANS TK/TK-H 一起）使用以符合全集成自动化理念。SITRANS T3K PA 将来自热电阻、电阻式传感器、热电偶和电压传感器的信号转换成数字信号，将来自微处理器的测量值产生作为质量说明的状态标志和 PROFIBUS PA 上的其他电气隔离参数。传感器、极限值、故障响应等都是可编程的。

接线方式是二线制，其接线图如图 1-25 所示。

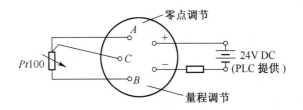

图1-25 PT100与温度变送器接线图

⑤流量计

流量计有两个，一个是智能流量计，用来对由电动调节阀控制的动力支路处的流量进行检测，是合肥福斯达测控技术有限公司生产的FMCLDE型电磁流量计，优点是测量精度高，传感器的感应电压信号与平均流速呈线性关系，测量不受流体的密度、粘度、温度、压力和电导率变化的影响，并且使用方便、操作简单、高清晰背光LCD显示、全中文菜单操作，用户可根据现场需要，在线修改量程；流量范围：0~1.2m³/h，工作压力：1~6MP，输出：4~20mA DC；采用的四线制接法，220V AC提供电源。还有一个安装在对象设备中，是西门子公司生产的带PA总线电磁流量计，量程设置为0~1.2m³/h，输出信号：4~20mA DC，通讯地址设置为12。对由变频器控制的动力支路及盘管出口处的流量进行检测，优点是测量精度高、反应快。

（3）执行机构

执行机构由智能电动调节阀、磁力泵、增压泵、电磁阀、单相电加热环、全隔离单相交流调压模块等组成。

①智能电动调节阀

电动调节阀是由Honeywell的ML7420A6033型电动阀门执行器和三通线性阀门组成。其执行器采用智能直行程调节，根据控制的信号变化，来调节执行器的行程，从而调节三通线性阀门的开度，进而对控制回路的流量进行调节；具有精度高、技术先进、体积小、重量轻、推动力大、功能强、控制单元与电动执行机构一体化、可靠性高、使用和校正非常方便等优点；工作时需提供24V交流电源（此电压由变压器提供），轴杆推力：600N，执行器行程：20mm，输入信号：0-10Vdc或2~10Vdc；本装置中的执行器已被设置为输入信号2~10Vdc，由于从控制台输出的信号为4~20Madc，故接到执行器的信号线两端加500Ω的电阻。其三通线性阀门的直径为20mm。

智能电动调节阀，工作电压24V AC，输入电流4~20mA DC，口径：20mm，压力：≥1.6Mpa，材质：壳：ABS塑料，支架：铸铝，基座：玻璃纤维增强塑料；介质：液体；压力：≥1000kPa。

②增压泵磁力泵

磁力泵采用上海新西山制泵有限公司生产的不锈钢磁力驱动循环泵，型号为MP-55R，进口直径：26mm，出口直径：26mm，温度：<=100℃，额定流量为30L/MIN，扬程为5.6米，功率为90W。泵体完全采用不锈钢材料，以防止生锈，使用寿命长。磁力泵电机是三相三角形接法（三相220V供电），电源由变频器的三相输出端（三相220V AC）U、V、W供电。不能将三相磁力泵直接使用市电，否则烧坏电机。

③增压泵

增压泵采用三相220V AC供电的格兰富增压泵，其工作频率：50/60Hz，工作功率：≥90W，给电动阀支路供水。

④电磁阀

采用余姚市三力信电磁阀有限公司生产的 ZS 二位二通电磁阀，作为电动调节阀的旁路，起到阶跃干扰的作用，作相应的位控。其工作压力：$0Kg/cm^2 \sim 7Kg/cm^2$；工作温度：$-5 \sim 80℃$；工作电压：220V AC。

⑤单相电加热环

电加热环采用的是 1600W 功率，用来对锅炉内胆内的水进行加温，加热环的电阻值约为 30Ω 左右。

⑥全隔离单相交流调压模块

全隔离单相交流调压模块采用了杭州西子固体继电器有限公司的产品，来实现温度的连续控制，它是集同步变压器、相位检测电路、移相触发电路和可控硅于一体，当改变控制信号（即 $4 \sim 20mA$ DC 标准电流）的大小，就可以自动控制改变输出可控硅的触发角，从而实现负载电压从 0V 到电网全电压的可调，即实现单相交流调压。

2. ZHSK-2 型过程控制实训系统控制柜

ZHSK-2 型过程控制实训系统控制柜主要由电气控制接线底板、PROFIBUS 现场总线控制硬件系统单元组成。

（1）电气控制接线底板

电气控制接线底板位于控制柜的背部，其主要有变压器、调压模块、中间继电器、两个液位继电器、四个接触器，四个温度变送器以及几排接线端子等器件组成，通过它们之间和 PROFIBUS 现场总线控制硬件系统单元间特定的连线以及通过航空插头与对象的连接，来形成符合要求的整体统一控制系统。

（2）PROFIBUS 现场总线控制硬件系统单元

①PROFIBUS 现场总线概述

PROFIBUS 是一种国际化、开放式、不依赖于设备生产商的现场总线标准。PROFIBUS 传送速度可在 9.6kbaud～12Mbaud 范围内选择且当总线系统启动时，所有连接到总线上的装置应该被设成相同的速度，广泛适用于制造业自动化、流程工业自动化和楼宇、交通电力等其他领域自动化。现场总线总系统网络图如图 1-26 所示，PROFIBUS 是一种用于工厂自动化车间级监控和现场设备层数据通信与控制的现场总线技术，可实现现场设备层到车间级监控的分散式数字控制和现场通信网络，从而为实现工厂综合自动化和现场设备智能化提供了可行的解决方案。

②PROFIBUS 现场总线组成

PROFIBUS 由三个兼容部分组成，即 PROFIBUS-DP（Decentralized Periphery）、PROFIBUS-PA（Process Automation）和 PROFIBUS-FMS（Fieldbus Message Specification）。主要使用主-从方式，通常周期性地与传动装置进行数据交换。

PROFIBUS－DP 是一种高速低成本通信，用于设备级控制系统与分散式 I/O 的通信。使用 PROFIBUS-DP 可取代 24V DC 或 4～20mA 信号传输。

PORFIBUS-PA 专为过程自动化设计，可使传感器和执行机构连在一根总线上，并有本征安全规范。

PROFIBUS-FMS 用于车间级监控网络，是一个令牌结构实时多主网络。

③PROFIBUS 现场总线特点

PROFIBUS 是一种用于工厂自动化车间级监控和现场设备层数据通信与控制的现场总线技术。可实现现场设备层到车间级监控的分散式数字控制和现场通信网络，从而为实现工厂综合自动化和现场设备智能化提供了可行的解决方案。

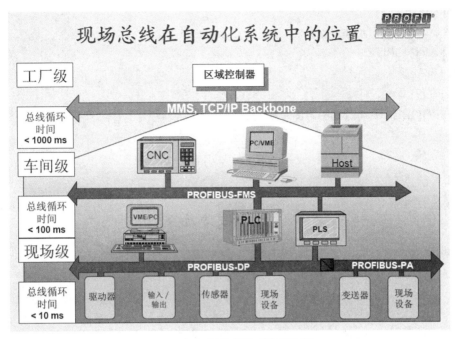

图 1-26　现场总线总系统网络图

与其他现场总线系统相比，PROFIBUS 的最大优点在于具有稳定的国际标准 EN50170 作保证，并经实际应用验证具有普遍性。目前已应用的领域包括加工制造、过程控制和自动化等。PROFIBUS 开放性和不依赖于厂商的通信的设想，已在 10 多万成功应用中得以实现。市场调查确认，在德国和欧洲 PROFIBUS 占开放性工业现场总线系统的市场超过 40%。PROFIBUS 有国际著名自动化技术装备的生产厂商支持，它们都具有各自的技术优势并能提供广泛的优质新产品和技术服务。

④PROFIBUS 协议结构

PROFIBUS 协议结构是根据 ISO7498 国际标准，以开放式系统互联网络（Open System Interconnection-OSI）作为参考模型的。该模型共有七层。第一层为物理层，第二层为数据链路层，第三～六层未使用，第七层为应用层。

PROFIBUS-DP，定义了第一、二层和用户接口。第三到七层未加描述。用户接口规定了用户及系统以及不同设备可调用的应用功能，并详细说明了各种不同 PROFIBUS-DP 设备的设备行为。

PROFIBUS-FMS，定义了第一、二、七层，应用层包括现场总线信息规范（Fieldbus Message Specification，FMS）和低层接口（Lower Layer Interface，LLI）。FMS 包括了应用协议并向用户提供了可广泛选用的强有力的通信服务。LLI 协调不同的通信关系并提供不依赖设备的第二层访问接口。

PROFIBUS-PA，PA 的数据传输采用扩展的 PROFIBUS-DP 协议。另外，PA 还描述了现场设备行为的 PA 行规。根据 IEC1158-2 标准，PA 的传输技术可确保其本征安全性，而且可通过总线给现场设备供电。使用连接器可在 DP 上扩展 PA 网络。

（3）PROFIBUS 现场总线组成器件清单

PS307 电源模块；

S7-300 CPU 314C-2DP；

ET200M IM 153-1；

DP/PA COUPLER FDC 157-0；

SM331 AI 8*12BIT；

DP 420 变频器；

PA 液位变送器。

（4）PROFIBUS 现场总线网络图（如图 1-27 所示）。

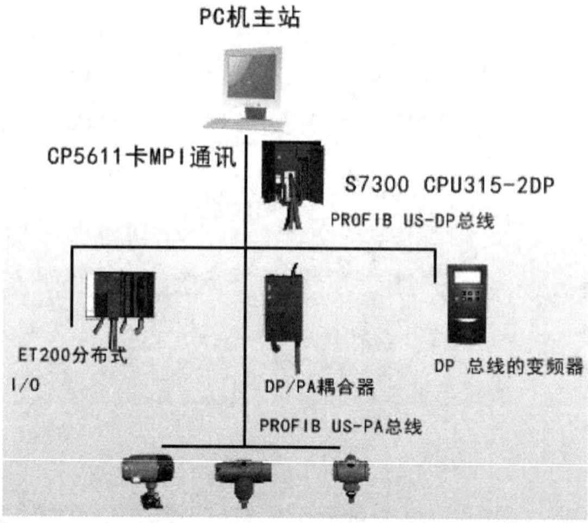

图 1-27　PROFIBUS 现场总线网络图

（5）PROFIBUS 现场总线 I/O 表

表 1-9 为 PROFIBUS 现场总线 I/O 分配表。

表 1-9　PROFIBUS 现场总线 I/O 表

模拟量输入	通道	地址	接线方式
流量 1	AI6	PIW285	4 线
流量 2	AI1(CPU)	PIW754	2 线
液位 1	AI0	PIW273	2 线
液位 2	AI1	PIW275	2 线
压力	AI0(CPU)	PIW752	2 线
内胆温度	AI2	PIW277	2 线
夹套温度	AI3	PIW279	2 线
盘管出口	AI4	PIW281	2 线
盘管入口	AI5	PIW283	2 线
模拟量输出	通道	地址	接线方式
变频器控制信号	AO0（CPU）	PQW752	
电动阀控制信号	AO1（CPU）	PQW754	

开关量输出	通道	地址	接线方式
电动阀	DO0		
水泵 1	DO1		
加热	DO2		
电磁阀	DO3		
水泵 2	DO4		

3. 控制软件

（1）WinCC 组态软件

S7-300 PLC 总线控制系统和远程数据的采集均采用德国西门子（SIEMENS）公司的 WinCC 组态软件作为上位机监控组态软件，可运行于 Microsoft Windows 2000 和 XP 操作系统上。

WinCC 是结合西门子在过程自动化领域中的先进技术和 Microsoft 的强大功能的产物。作为一个国际先进的人机界面（HMI）软件和 SCADA 系统，WinCC 提供了适用于工业的图形显示、消息、归档以及报表的功能模板；并具有高性能的过程耦合、快速的画面更新，以及可靠的数据；WinCC 还为用户解决方案提供了开放的界面，使得将 WinCC 集成入复杂、广泛的自动化项目成为可能。其突出的优点：通用的应用程序，适合所有工业领域的解决方案；多语言支持，全球通用；可以集成到所有自动化解决方案内；内置所有操作和管理功能，可简单、有效地进行组态；可基于 Web 持续延展，采用开放性标准，集成简便；集成的 Historian 系统作为 IT 和商务集成的平台；可用选件和附加件进行扩展；全集成自动化的组成部分，适用于所有工业和技术领域的解决方案。

WinCC v6.0 采用标准 Microsoft SQL Server 2000 数据库进行生产数据的归档，同时具有 Web 浏览器功能，可使经理、厂长在办公室内看到生产流程的动态画面，从而更好地调度指挥生产，是工业企业中 MES 和 ERP 系统首选的生产实时数据平台软件。

（2）STEP 7 编程软件

STEP 7 是西门子（SIEMENS）公司的 PLC 编程软件，是西门子 SIMATIC 工业软件中的一员，是用于对 SIMATIC 可编程逻辑控制器（PLC）进行组态和编程的软件包。STEP7 提供不同的版本以适用不同的应用和需求。

ZHSK-2 型过程控制实训系统采用 STEP 7 Basis V5.4 SP3，用来对 S7-300 PLC 进行编程和组态等操作。STEP 7 软件对 PLC 硬件进行编程的设备可以是 PG（编程器）或是 PC，它通过编程电缆与 PLC 的 CPU 模块相连。用户可以在 STEP 7 中编写程序和对硬件进行组态，并将用户程序和硬件组态信息下载到 CPU 或者从 CPU 上载到 PG 或 PC。当程序下载、调试完成之后，PLC 系统就可以执行各种自动任务。

任务四　被控对象特性分析和测试

1.4.1　任务要求

分析工业常用对象的种类、特点；确定选择被控对象特性的描述方法；求取对象特性参数，建立过程控制系统的数学模型；分析传递函数含义、特性；确定典型环节传递函数；完成过程控制系统方框图的等效变换。

1.4.2　相关知识

1.4.2.1　被控对象特性

1. 工业常用对象的特点

在工业过程控制中，被控对象是指很多具体的热工、化工等设备，例如换热器、加热炉、锅炉、液箱、压力容器、精馏塔、流体输送设备和反应器等。此外，在一些辅助系统中，气源、热源及动力设备（如空压机、辅助锅炉、电动机等）也可能是最需要控制的对象。

各种对象千差万别，有的操作很稳定、很容易；有的对象则不然，只要稍不小心就会超越正常工艺条件，甚至造成事故。在自动控制系统中，当采用一些自动化装置来模拟人工操作时，首先必须深入了解对象的特性，了解它的内在规律，才能根据工艺对控制质量的要求，选择合适的被控变量和操纵变量，选用合适的测量元件及控制器，设计出合理的控制系统。在控制系统投运时，也要根据对象特性选择合适的控制器参数，使系统正常地运行。

被控对象的动态特性是指对象的某一输入量发生扰动时，其被控变量随时间变化的特性。了解被控对象的动态特性对于实现生产过程的自动化具有很重要的意义，工业被控对象具有非线性、时变性、变结构、多层次、多因素以及各种不确定性等，难以建立精确的数学模型。即使能够建立复杂对象数学模型，也往往过于复杂，不利于控制系统的设计和实现有效控制，所以一个控制系统构成的好坏在很大程度上决定于对被控对象动态特性了解的程度。

被控对象的输入变量至输出变量的信号联系称之为通道。控制作用至被控变量的信号联系称为控制通道；扰动至被控变量的信号联系称为扰动通道。

2. 被控对象特性的描述方法

描述对象特性的方法很多，主要有两大类：

（1）用描述对象输入与输出关系的微分方程、偏微分方程、状态方程等来表示。

（2）用描述对象在一定形式输入作用下的输出函数或曲线来表示。

对象的动态特性，是指对象在受到扰动作用或控制作用后，被控变量是如何变化的。因此可以用对象在一定形式输入作用下的输出函数或曲线来表示对象的特性。根据输入形式的不同，主要有阶跃反应曲线（或函数）、脉冲反应曲线（或函数）、矩形脉冲反应曲线等，一般都可以通过实验得到。其中最常用的是阶跃反应曲线。阶跃形式的扰动比较突然、比较危险，对于被控变量的影响最大。如果控制系统能够有效地克服这种扰动，则对于其他比较缓和的扰动也一定能够很好地加以克服。另外，阶跃扰动形式简单，易于实现，便于分析、实验和计算。

3. 描述被控对象的特性参数

对象特性可用放大系数 K、时间常数 T 和滞后时间等参数来表示。

（1）放大系数 K

放大系数 K 是对象的静态特性参数。它表示对象受到输入作用后，重新达到平衡状态时的性能是不随时间而变的。放大系数 K 越大，表示对象的输入量有一定的变化时，对输出量的影响越大，即越灵敏。

①控制通道放大系数 K_O

$$K_O = \frac{\Delta y(\infty)}{\Delta q} = \frac{y(\infty) - y(0)}{\Delta q} \tag{1-19}$$

对于控制通道，操纵变量 $q(t)$ 对应的放大系数 K_O 的数值大，说明操纵变量的变化对被控变量的影响就大，控制作用显著，余差也小；反之相反。但 K_O 太大则会使控制作用过强而使系统的稳定性下降。一般希望控制控制通道的放大系数 K_O 数值大小适中。

②干扰通道放大系数 K_f

$$K_f = \frac{\Delta y(\infty)}{\Delta f} = \frac{y(\infty) - y(0)}{\Delta f} \tag{1-20}$$

对于扰动通道，放大系数 K_f 越大，则扰动较小的变化就会使被控变量发生很大的波动，被控变量偏离设定值的程度也越大，使得最大偏差增大；反之相反。扰动通道的放大系数 K_f 越小越好。

（2）时间常数 T

时间常数 T 是表征被控变量变化快慢的动态参数，它是反映对象受到阶跃扰动后被控变量变化快慢程度的参数，亦即表示对象惯性大小的重要参数。显然，T 越大，对象受到相同的阶跃扰动后，被控变量变化越缓慢，达到新的稳态值所需的时间越长，对象的惯性越大，反之相反。

时间常数 T 的物理意义可以理解为：当对象受到阶跃输入作用后，被控变量如果保持初始速度变化，达到新的稳态值所需的时间。或当对象受到阶跃输入作用后，一个阻容环节的输出变化量完成全部变化量的 63.2% 所需要的时间。

对于控制通道，时间常数 T 过大，会使操纵变量的控制作用迟缓、超调量过大、过渡时间过长。因此要求控制通道的时间常数 T 小一些，使之反应灵敏、控制及时，从而获得良好的控制质量。

对于扰动通道，时间常数越大，扰动对被控变量的影响越缓慢，有利于控制。

（3）滞后时间 τ

滞后时间 τ 是用来描述某些对象在受到扰动作用后，被控变量不能立即而迅速地变化这样一种现象（滞后现象）的动态参数。滞后时间 τ 可分为两类，即纯滞后（又称传递滞后）τ_o 和容量滞后 τ_n，滞后时间 $\tau = \tau_o + \tau_n$。

①纯滞后 τ_o

产生纯滞后的原因是由于扰动发生地点与被控变量测量点之间有一定距离。

在生产过程的自动控制中，除某些特殊的纯滞后对象外，纯滞后大多是由于测量元件安装位置不当引起的。

对于控制通道，纯滞后 τ_o 的存在，使得控制作用总是落后于被控变量的变化，导致过渡过程振荡加剧，最大偏差增大，过渡时间变长，稳定性变差。因此应尽量减小控制通道的纯滞后。

对于扰动通道，如果存在纯滞后，相当于扰动推迟 τ_o 时间影响被控变量，控制作用也相应推迟 τ_O 时间，因此不影响控制系统的控制质量。

②容量滞后 τ_n

多容对象在受到阶跃干扰后，受控变量的变化速度并非一开始就最大，而是要经过一段时间之后才达到最大值，即多容对象对扰动的响应在时间上存在一定大小的滞后，称为容量滞后 τ_n，这是多容对象的重要特点。容量滞后 τ_n 表示由于容积增多，响应曲线最大变化速度向后推迟的程度。产生容量滞后的原因主要是由于被控对象的几个容积之间存在着阻力。

1.4.2.2 建立被控对象的数学模型

在过程控制系统的分析和设计中，过程的数学模型是极其重要的基础资料。一个过程控制系统的优劣,主要取决于对生产工艺过程的了解和建立过程的数学模型。所以,建立过程的数学模型对于实现生产过程自动化有着十分重要的意义。

1. 建立被控过程数学模型的目的

(1)设计过程控制系统及整定控制参数;

(2)指导生产工艺及其设备的设计与操作;

(3)对被控过程进行仿真研究;

(4)培训运行操作人员;

(5)工业过程的故障检测与诊断。

2. 过程控制对数学模型的要求

过程控制对数学模型的要求:一是数学模型尽量简单,二是正确可靠。阶次一般不高于三阶,大量采用具有纯滞后的一阶和二阶模型,最常用的是带纯滞后的一阶形式。

3. 数学模型及建立方法

被控对象(或环节)的特性:指被控对象(或环节或被控参数)的输出变量和输入变量(控制输入与扰动输入)之间的函数关系。描述这个关系的数学表达式称被控对象的数学模型。

建立数学模型的方法有两类:一类是机理分析法,常用于简单的环节;另一类是系统辩识法,目前已发展成为一门独立的学科,常用于比较复杂的对象和生产过程。

机理法建模一般适用于对被控过程的工作机理非常熟悉,被控参数与控制变量的变化都与物质和能量的流动与转换有密切关系的系统。

4. 典型一阶环节的数学模型的建立

当对象的动态特性可以用一阶微分方程来描述时,一般称为一阶对象。

例如,对于一阶储槽对象,我们推导 L 与 F_1 之间关系的数学模型。

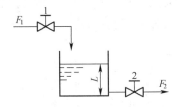

图 1-28　一阶储槽

$$\frac{\mathrm{d}\Delta LA}{\mathrm{d}t} = \Delta F_1 - \Delta F_2 \tag{1-21}$$

$$\Delta F_2 = \frac{\Delta L}{R} \tag{1-22}$$

将关系式(1-22)代入式(1-21),得到

$$\frac{\mathrm{d}\Delta LA}{\mathrm{d}t} = \Delta F_1 - \frac{\Delta L}{R} \tag{1-23}$$

移项整理可得

$$AR\frac{\mathrm{d}\Delta L}{\mathrm{d}t} + \Delta L = \Delta F_1 \tag{1-24}$$

令 $T = AR$,$K = R$ 代入式(1-24),得到

$$T\frac{\mathrm{d}\Delta L}{\mathrm{d}t} + \Delta L = K\Delta F_1 \tag{1-25}$$

公式（1-25）就是用来描述储槽对象特性的微分方程式。它是一阶常系数微分方程式，因此对象可称为一阶储槽对象，式中 T 为时间常数，K 为放大倍数。

因此可将一阶对象的微分方程式表示为一般形式

$$T\frac{\mathrm{d}\Delta Y}{\mathrm{d}t} + \Delta Y = K\Delta X \tag{1-26}$$

式中 T 为时间常数，K 为放大倍数。ΔY、ΔX 是对象的输出变量的增量和输入变量的增量。为了书写的方便，可以将变量前的"Δ"省略，但其意义不变。这样，一阶对象的数学模型可写为

$$T\frac{\mathrm{d}Y}{\mathrm{d}t} + Y = KX \tag{1-27}$$

1.4.2.3　传递函数

1. 传递函数的定义

在线性定常系统或环节中，当初始条件为零时，系统（或环节）输出变量的拉氏变换与输入变量的拉氏变换之比称系统（或环节）传递函数。

$$G(s) = \frac{y(s)}{x(s)} \tag{1-28}$$

式中，$x(s)$ 为输入变量在初始条件为零时拉氏变换，$y(s)$ 为输出变量在初始条件为零时拉氏变换，$G(s)$ 为传递函数，它们之间的关系可用图 1-29 表示。

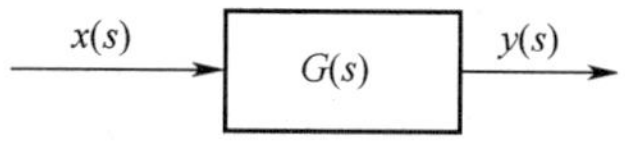

图 1-29　传递函数表示信号的传递关系

图 1-29 所示的方框图表示输入和输出之间的关系为：

$$y(s) = G(s)x(s) \tag{1-29}$$

2. 传递函数的一般表达式

$$G(s) = \frac{Y(s)}{U(s)} = \frac{b_0 s^m + \cdots + b_{m-1}s + b_m}{a_0 s^n + \cdots + a_{n-1}s + a_n} \tag{1-30}$$

即为单输入-单输出系统的传递函数，其模型参数可表示为：

传递函数分母系数向量 $A = [a_0, a_1, \cdots, a_n]$，$n+1$ 维；

传递函数分子系数向量 $B = [b_0, b_1, \cdots, b_m]$，$m+1$ 维；

分母多项式阶次为：n；

分子多项式阶次为：m。

典型环节的传递函数

下面给出一些常见的典型环节的传递函数。

（1）比例环节

微分方程式：

$$y(t) = Kx(t) \tag{1-31}$$

传递函数为：

$$G(s) = \frac{y(s)}{x(s)} = K \tag{1-32}$$

（2）积分环节

微分方程式：
$$y(t) = \frac{1}{T_i} \int_0^t x(t)\mathrm{d}t \tag{1-33}$$

传递函数为：
$$G(s) = \frac{y(s)}{x(s)} = \frac{1}{T_i s} \tag{1-34}$$

（3）微分环节

微分方程式：
$$y(t) = T_d \frac{\mathrm{d}x(t)}{\mathrm{d}t} \tag{1-35}$$

传递函数为：
$$G(s) = \frac{y(s)}{x(s)} = T_d s \tag{1-36}$$

（4）惯性环节
$$G(s) = \frac{y(s)}{u(s)} = \frac{K}{Ts+1} \tag{1-37}$$

（5）比例微分环节
$$G(s) = \frac{y(s)}{u(s)} = K(1 + T_d s) \tag{1-38}$$

（6）比例积分环节
$$G(s) = \frac{y(s)}{u(s)} = K\left(1 + \frac{1}{T_i s}\right) \tag{1-39}$$

（7）比例积分微分环节
$$G(s) = \frac{y(s)}{u(s)} = K\left(1 + \frac{1}{T_i s} + T_d s\right) \tag{1-40}$$

（8）一阶滞后环节

微分方程式：
$$T \frac{\mathrm{d}y(t)}{\mathrm{d}t} + y(t) = Kx(t) \tag{1-41}$$

传递函数为：
$$G(s) = \frac{y(s)}{x(s)} = \frac{K}{Ts+1} \tag{1-42}$$

（9）二阶滞后环节

微分方程式：
$$a\frac{\mathrm{d}^2 y(t)}{\mathrm{d}t^2} + b\frac{\mathrm{d}y(t)}{\mathrm{d}t} + cy(t) = dx(t) \tag{1-43}$$

传递函数为：
$$G(s) = \frac{y(s)}{x(s)} = \frac{d}{as^2 + bs + c} \tag{1-44}$$

令 $\frac{b}{a} = 2\xi\omega_0$，$\frac{c}{a} = \omega_0^2$，$k = \frac{d}{c}$，转化成：
$$G(s) = \frac{y(s)}{u(s)} = \frac{K\omega_n}{s^2 + 2\xi\omega_n s + \omega_n^2} \tag{1-45}$$

（10）纯滞后环节

微分方程式：
$$y(t) = x(t - \tau) \tag{1-46}$$

传递函数为：

$$G(s) = \frac{y(s)}{x(s)} = e^{-\tau s}$$ (1-47)

1.4.2.4　系统的方框图及其等效变换

1. 环节基本组合及其简化

（1）环节串联结构的等效变换

如图 1-30 所示串联结构的等效变换，当各环节之间不存在（或可忽略）负载效应时，$G_s(s) = G_1(s)G_2(s)$ 串联时等效传递函数等于各传递函数之积。

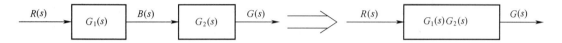

图 1-30　串联结构的等效变换

$$y(s) = G_1(s) \cdot G_2(s) \cdot G_3(s) \cdot x(s)$$ (1-48)

或

$$G(s) = \frac{Cy(s)}{x(s)} = G_1(s) \cdot G_2(s) \cdot G_3(s)$$ (1-49)

结论：环节串联后的传递函数等于各环节传递函数的乘积。

（2）环节并联结构的等效变换

如图 1-31 所示并联结构的等效变换，并联方框图的等效变换 $G_p(s) = G_1(s) + G_2(s)$，并联时等效传递函数等于并联各传递函数之代数和。

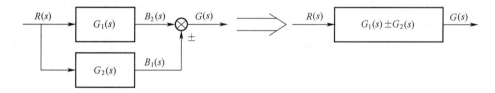

图 1-31　并联结构的等效变换

$$y(s) = [G_1(s) + G_2(s) + G_3(s)] \cdot x(s)$$ (1-50)

或

$$G(s) = \frac{y(s)}{x(s)} = G_1(s) + G_2(s) + G_3(s)$$ (1-51)

结论：环节并联，其总传递函数等于各个环节传递函数的代数和。

（3）环节反馈连接的等效变换

如图 1-32 所示反馈连接的等效变换，反馈连接的等效变换 $G_f(s) = \dfrac{G_1(s)}{1 \pm G_1(s)G_2(s)}$。

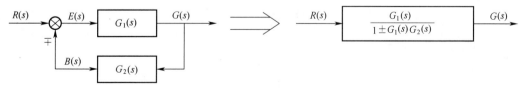

图 1-32　环节反馈连接的等效变换

$$G(s) = \frac{y(s)}{x(s)} = \frac{G_1(s)}{1 + G_1(s)H(s)} \qquad (1\text{-}52)$$

2. 方框图的等效变换规则

下面介绍方框图等效变换的几条基本规则。

（1）连续的比较点（综合点）可以任意交换次序。

（2）连续的分支点可以任意交换次序。

（3）线路上的负号可以在线路前后自由移动，并可以越过某环节方框，但不能越过比较点和分支点。

（4）分支点在环节方框前后（箭头指向为前，离去为后）可以移动，其移动的规则是：

①将分支点前移，必须在移动的支路中除以越过环节传递的函数。

②将分支点后移，必须在移动的支路中乘以越过环节传递的函数。

（5）综合点在环节方框前后（箭头指向为前，离去为后）可以移动，其移动的规则是：

①将综合点前移，必须在移动的支路中乘以越过环节传递的函数。

②将综合点后移，必须在移动的支路中除以越过环节传递的函数。

在进行方框图的等效变换时，需要注意以下几点：

（1）方框图的等效变换的目的是简化方框图，考虑问题时要从一个复杂的方框图通过等效变换，化简成基本的串联、并联和反馈的组合形式。

（2）反馈连接和并联连接要分清，特别是复杂的系统中易搞错。反馈是信号从环节的输出端取出引回到系统的输入端；并联是信号从系统的输入端取出引向输出端。

（3）比较点前后移动时不能越过分支点，分支点前后移动时不能越过比较点。

1.4.2.5 过程控制系统被控对象参数的求取

过程控制系统被控对象参数的求取，以液位过程控制系统为研究模型，液位控制中的液位对象是自衡对象，单独的水槽是一阶对象，上水槽与下水槽可以组成二阶对象。

1. 阶跃响应测试原理

（1）一阶系统

一阶系统的输入输出关系为：

$$\frac{C(s)}{R(s)} = \frac{1}{Ts+1} \qquad (1\text{-}53)$$

下面分析一阶系统对输入为阶跃函数的响应。在分析的过程中，假设初始条件为零。

应当指出，具有相同传递函数的所有系统，对同一输入信号的响应是完全相同的。对于任何给定的物理系统，相应的数学表达式具有特定的物理意义。

①一阶系统的单位阶跃响应

因为单位阶跃函数的拉普拉斯变换等于 $1/s$，所以将 $R(s)=1/s$ 代入方程（1-53），得到

$$C(s) = \frac{1}{Ts+1} \cdot \frac{1}{s} \qquad (1\text{-}54)$$

将 $C(s)$ 展开成部分分式，得到

$$C(s) = \frac{1}{s} - \frac{T}{Ts+1} = \frac{1}{s} - \frac{1}{s+(1/T)} \qquad (1\text{-}55)$$

对方程（1-55）进行拉氏变换，得到

$$c(t) = 1 - e^{-t/T}, \quad t \geqslant 0 \tag{1-56}$$

方程（1-56）表明，输出量 $c(t)$ 的初始值为零，而其最终值变为 1。该指数响应曲线 $c(t)$ 的一个重要特征是当 $t=T$ 时，$c(t)$ 的数值等于 0.623，即响应 $c(t)$ 达到了其总变化的 63.2%。这点通过将 $t=T$ 代入 $c(t)$，可以容易地看出来，即

$$c(t) = 1 - e^{-1} = 0.632 \tag{1-57}$$

应当指出时间常数 T 越小，系统的响应就越快。该指数响应曲线的另一重要特性，是在 $t=0$ 那一点上，切线的斜率等于 $1/T$，因为

$$\frac{dc}{dt} = \frac{1}{T} e^{-t/T} \mid_{t=0} = \frac{1}{T} \tag{1-58}$$

如果系统能保持其初始响应速度不变，则当 $t=T$ 时，输出量将达到稳定值。由方程（1-58）可以看出，响应曲线 $c(t)$ 的斜率是单调下降的，它从 $t=0$ 时的 $1/T$，下降到 $t=\infty$ 时的零值。

经过一倍时间常数，指数响应曲线将从 0 上升到稳态值的 63.2%。经过两倍时间常数，响应曲线将上升到稳态值的 86.5%。当 $t=3T$、$4T$ 和 $5T$ 时，响应曲线将上升到稳态值的 95%、98.2%、99.3%。因此，当 $t \geqslant 4T$ 时，响应曲线将保持在稳态值的 2% 以内。从方程（1-58）可以看出，由数学的观点来看，只有当时间 t 区域无穷大时，系统的响应才能达到稳态。但是，实际上多以响应曲线达到稳定值的 2% 所需时间，或者 4 倍的时间常数作为适当的响应时间估值。

为了能通过实验确定对象是不是一阶系统，可以画出曲线 $\log|c(t) - c(\infty)|$，式中 $c(t)$ 是系统的输出量，它是时间 t 的函数。如果这条曲线变为一条直线，那么系统便是一阶的。时间常数 T 可以从图上直接求得，因为时间 T 满足下列方程：

$$c(T) - c(\infty) = 0.368[c(0) - c(\infty)] \tag{1-59}$$

应当注意，用画在半对数坐标纸上的 $|c(t) - c(\infty)| / |c(0) - c(\infty)|$ 与 t 的关系曲线，取代画 $\log|c(t) - c(\infty)|$ 与 t 的关系曲线，通常比较方便。

②一阶系统的单位阶跃响应测试方法

通过实验的方法，可以测得一阶系统的阶跃响应模型。

实验方法如下：

手动改变控制器的输出信号 $u(k)$，观察被控变量 $y(k)$ 的变化过程。

由图 1-33 的阶跃响应曲线得到对象基本特征参数。

对象的近似模型：

$$\frac{y(s)}{u(s)} = \frac{K_p}{T_p s + 1} e^{-T_d s} \tag{1-60}$$

对应参数见上图，而 K_p（稳态增益）为：

$$K_p = \left(\frac{y_1 - y_0}{y_{\max} - y_{\min}} \right) \bigg/ \left(\frac{u_1 - u_0}{u_{\max} - u_{\min}} \right) \tag{1-61}$$

T_d（纯滞后时间）与 T_p（一阶滞后时间常数）：

$$T_d = T_1 - T_0 \tag{1-62}$$

$$T_p = \frac{1}{2} \sim \frac{1}{3} \times (T_2 - T_1) \tag{1-63}$$

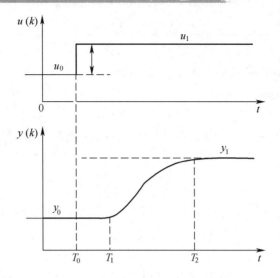

图 1-33　一阶系统的单位阶跃响应曲线

（2）二阶系统

二阶系统的传递函数为：

$$\frac{C(s)}{R(s)} = \frac{K}{Js^2 + Bs + K}$$　　　　　　（1-64）

如果 $B^2 - 4JK < 0$，则极点为复数；如果 $B^2 - 4JK \geqslant 0$，则闭环极点为实数。在瞬态响应分析中，为了方便，常引入下列参数：

$$\frac{K}{J} = \omega_n^2, \quad \frac{B}{J} = 2\xi\omega_n = 2\sigma$$　　　　　（1-65）

式中 σ 为衰减系数，ω_n 成为无阻尼自然频率，ξ 为系统的阻尼比。阻尼比 ξ 是实际阻尼系数 B 与临界阻尼系数 $B_c = 2\sqrt{JK}$ 之比，即

$$\xi = \frac{B}{B_c} = \frac{B}{2\sqrt{JK}}$$　　　　　　（1-66）

引进参数 ξ 和 ω_n，由方程（1-64）表示的传递函数 $C(s)/R(s)$ 可以写成

$$\frac{C(s)}{R(s)} = \frac{\omega_n^2}{s^2 + 2\xi\omega_n s + \omega_n^2}$$　　　　（1-67）

这样，二阶系统的动态特性就可以用 ξ 和 ω_n 这两个参数的形式描述。如果 $0 < \xi < 1$，则闭环极点为共轭复数，并且位于左半 s 平面内，这时系统叫做欠阻尼系统，其瞬态响应是振荡的；如果 $\xi = 1$，则系统是临界阻尼系统；如果 $\xi > 1$，系统叫做过阻尼系统；临界阻尼系统和过阻尼系统的瞬态响应都不振荡；如果 $\xi = 0$，瞬态响应将变为等幅振荡。

①二阶系统的单位阶跃响应

现在我们来求解二阶系统对单位阶跃输入信号的响应，分析三种不同的情况：欠阻尼（$0 < \xi < 1$）、临界阻尼（$\xi = 1$）和过阻尼（$\xi > 1$）情况。

欠阻尼情况（$0 < \xi < 1$）：在这种情况下，$C(s)/R(s)$ 可以写成

$$\frac{C(s)}{R(s)} = \frac{\omega_n^2}{(s+\xi\omega_n+j\omega_d)(s+\xi\omega_n-j\omega_d)} \qquad (1-68)$$

式中 $\omega_d = \omega_n\sqrt{1-\xi^2}$。频率 ω_d 叫做阻尼自然频率。对于单位阶跃输入信号，$C(s)$ 可以写成

$$\frac{C(s)}{R(s)} = \frac{\omega_n^2}{(s^2+2\xi\omega_n s+\omega_n^2)s} \qquad (1-69)$$

为了容易地求出方程（1-69）的拉氏变换，可以将 $C(s)$ 写成下列形式：

$$\begin{aligned}C(s) &= \frac{1}{s} - \frac{s+\xi\omega_n}{(s^2+2\xi\omega_n s+\omega_n^2)s}\\ &= \frac{1}{s} - \frac{s+\xi\omega_n}{(s+\xi\omega_n)^2+\omega_d^2} - \frac{\xi\omega_n}{(s+\xi\omega_n)^2+\omega_d^2}\end{aligned} \qquad (1-70)$$

已经证明：

$$L^{-1}\left[\frac{s+\xi\omega_n}{(s+\xi\omega_n)^2+\omega_d^2}\right] = e^{-\xi\omega_n^t}\cos\omega_d^t$$

$$L^{-1}\left[\frac{\omega_d}{(s+\xi\omega_n)^2+\omega_d^2}\right] = e^{-\xi\omega_n^t}\sin\omega_d^t$$

因此，方程（1-70）的拉氏变换为：

$$\begin{aligned}L^{-1}[C(s)] &= c(t)\\ &= 1 - e^{-\xi\omega_n^t}\left(\cos\omega_d t + \frac{\xi}{\sqrt{1-\xi^2}}\sin\omega_d t\right)\\ &= 1 - e^{-\xi\omega_n^t}\left(\sin\omega_d t + \tan^{-1}\frac{\sqrt{1-\xi^2}}{\xi}\right), \ t\geq 0\end{aligned} \qquad (1-71)$$

这个结果可以利用拉氏变换表直接得到。由方程（1-71）可以看出，瞬态振荡频率为阻尼自然频率 ω_d，因此，它随阻尼比 ξ 而发生变化。该系统的误差信号是输入量与输出量之间的差，即

$$\begin{aligned}e(t) &= r(t)-c(t)\\ &= e^{-\xi\omega_n^t}\left(\cos\omega_d t + \frac{\xi}{\sqrt{1-\xi^2}}\sin\omega_d t\right), \ t\geq 0\end{aligned} \qquad (1-72)$$

显然，此误差信号为阻尼正弦振荡，稳态时，即 $t=\infty$ 时，输入量与输出量之间不存在误差。

如果阻尼比 ξ 等于零，则系统的响应变为无阻尼等幅振荡，且振荡过程将无限期地进行下去。将 $\xi=0$ 带进方程（1-72），即可得到零阻尼情况下的响应 $c(t)$ 为：

$$c(t) = 1-\cos\omega_n t, \ t\geq 0 \qquad (1-73)$$

因此，从方程（1-73）可以看出，ω_n 代表系统的无阻尼自然频率。这就是说，如果阻尼减小到零，系统将以 ω_n 振荡。如果现行系统具有一定的阻尼，就不可能通过实验观察到无阻尼自然频率。可以观察到的频率是阻尼自然频率 ω_d，它等于 $\omega_n\sqrt{1-\xi^2}$。该频率总是低于无阻尼自然频率。随着 ξ 值增大，阻尼自然频率 ω_d 将减小。如果 ξ 增加到大于 1，系统的响应将变成过阻尼，因而不再产生振荡。

临界阻尼情况（$\xi=1$）：如果 $C(s)/R(s)$ 的两个极点接近相等，则系统可以近似地看作为临界阻尼系统。

对于单位阶跃输入信号，$R(s)=1/s$，而 $C(s)$ 可以写成

$$C(s) = \frac{\omega_n^2}{(s + \omega_n)^2 s} \tag{1-74}$$

方程（1-74）的拉氏变换可以求得为：

$$C(s) = 1 - e^{-\omega_n t}(1 + \omega_n t), \ t \geq 0 \tag{1-75}$$

过阻尼情况（$\xi > 1$）：在这种情况下，两个极点是两个不等的负实数。当 ξ 远大于 1 时，在两个衰减的指数项中，一个比另一个衰减得快得多。因此，衰减得比较快的指数项（相应于具有较小时间常数的项）可以忽略不计。也就是说，如果 $-S_2$ 与 jw 轴的距离比 $-S_1$ 的距离近得多（$|S_2|<<|S_1|$）则在近似求解中可以忽略 $-S_1$。一旦快速衰减的指数项消失，系统的响应就类似于一阶系统的响应。

②二阶系统阶跃响应测试方法

二阶系统的响应测试法与一阶系统基本类似，只是时间常数的求法稍微复杂一些。

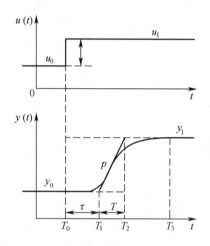

图 1-34　二阶系统阶跃响应曲线

实验方法如下：

手动改变控制器的输出信号 $u(s)$，观察被控变量 $y(s)$ 的变化过程。

由阶跃响应曲线得到对象基本特征参数。

对象的近似模型：

$$\frac{y(s)}{u(s)} = \frac{K_p}{(T_1 s + 1)(T_2 s + 1)} e^{-T_d s} \tag{1-76}$$

对应参数见上图，而稳态增益 K_p 为：

$$K_p = \left(\frac{y_1 - y_0}{y_{max} - y_{min}} \right) \bigg/ \left(\frac{u_1 - u_0}{u_{max} - u_{min}} \right) \tag{1-77}$$

2. 由阶跃响应确定近似传递函数

根据测定到的阶跃响应，可以把它拟合成近似的传递函数。为此，文献中提出的方法很多，它们所采用的传递函数在形式上也是各式各样的。

用测试法建立被控对象的数学模型，首要的问题就是选定模型的结构。典型的工业过程的传递函数可以取为各种形式，例如：

一阶惯性加纯滞后，传递函数可以取为

$$G(S) = \frac{Ke^{-\tau s}}{Ts+1} \tag{1-78}$$

二阶或 n 阶惯性加纯滞后，传递函数可以取为

$$G(s) = \frac{Ke^{-\tau s}}{(T_1 s+1)(T_2 s+1)} \quad 或者 \quad G(s) = \frac{Ke^{-\tau s}}{(Ts+1)^n} \tag{1-79}$$

用有理分式表示的传递函数为

$$G(s) = \frac{b_m s^m + \cdots + b_1 s + b_0}{a_n s^n + \cdots + a_1 s + a_0} e^{-\tau s} \tag{1-80}$$

需注意的是，上述三个公式只适用于自衡过程。对于非自衡过程，其传递函数应含有一个积分环节，传递函数可取为：

$$G(s) = \frac{K}{Ts} e^{-\tau s} \text{ 和 } G(s) = \frac{K}{s(Ts+1)} e^{-\tau s} \tag{1-81}$$

传递函数形式的选用决定于：关于被控对象的验前知识；建立数学模型的目的，从中可以对模型的准确性提出合理要求。

3. 确定传递函数参数的方法

确定了传递函数的形式以后，下一步的问题就是如何确定其中的各个参数使之能拟合测试出阶跃响应。各种不同形式的传递函数中所包含的参数数目不同。一般说，参数愈多，就可以拟合得更完美，但计算工作量也愈大。考虑到传递函数的可靠性受到其原始资料即阶跃响应的可靠性的限制，而后者一般是难以测试准确的，因此没有必要过分追求拟合的完美程度。

下面给出几个确定传递函数的参数的方法。

（1）确定一阶惯性加纯滞后中参数 K，T 和 τ 的作图法

如果阶跃响应是一条如图 1-35 所示的 S 形的单调曲线，就可以用式（1-79）去拟合。设阶跃输入为 q，输出响应为 $y(t)$，新稳态值为 $y(\infty)$，注意此处变量均为相对于原稳态值的增量。增益 K 可由输入输出的稳态值直接算出

$$K = \frac{y(\infty)}{q} \tag{1-82}$$

而 T 和 τ 则可以用作图法确定。为此，在曲线的拐点 p 作切线，它与时间轴交于 A 点，与曲线的稳态渐近线交于 B 点，这样就确定了 T 和 τ 的数值。

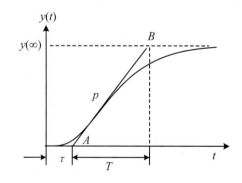

图 1-35　用作图法确定参数 T、τ

显然，这种作图法的拟合程度一般是很差的。首先，与式（1-82）所对应的阶跃响应是一条向后平移了 τ 时刻的指数曲线，它不可能完美地拟合一条 S 形曲线。其次，在作图中，切线的画法也有较大的随意性，这直接关系到 T 和 τ 的取值。然而，作图法十分简单，而且实践证明它可以成功地应用于 PID 调节器的参数整定。它是 J.G.Ziegler 和 N.B.Nichols 早在 1942 年提出的，至今仍然得到广泛的应用。

（2）确定式（1-79）中参数 K、T 和 τ 的两点法

所谓两点法就是利用阶跃响应 $y(t)$ 上两个点的数据去计算 T 和 τ，增益 K 仍按输入输出的稳态值计算，同前面一样。

为便于处理，首先需要把 $y(t)$ 转换成它的无量纲形式 $y^*(t)$，即

$$y^*(t) = \frac{y(t)}{y(\infty)} \tag{1-83}$$

其中 $y(\infty)$ 为 $y(t)$ 的稳态值，如图 1-36 所示。

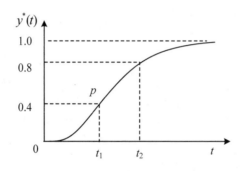

图 1-36　根据阶跃响应曲线上两个点的数据确定 T_1 和 T_2

与式（1-83）相对应的阶跃响应无量纲形式为

$$y^*(t) = \begin{cases} 0 & t < \tau \\ 1 - \exp(-\dfrac{t-\tau}{T}) & t \geq \tau \end{cases} \tag{1-84}$$

上式中只有两个参数即 T 和 τ，因此只能根据两个点的测试数据进行拟合。为此先选定两个时刻 t_2 和 t_2，其中 $t_2 > t_1 \geq \tau$，从测试结果中读出 $y^*(t_1)$ 和 $y^*(t_2)$，并写出下述联立方程：

$$\begin{cases} y^*(t_1) = 1 - \exp\left(-\dfrac{t_1-\tau}{T}\right) \\ y^*(t_2) = 1 - \exp\left(-\dfrac{t_2-\tau}{T}\right) \end{cases} \tag{1-85}$$

由以上两式可以解出

$$T = \frac{t_2 - t_1}{\ln[1 - y^*(t_1)] - \ln[1 - y^*(t_2)]} \tag{1-86}$$

$$\tau = \frac{t_2 \ln[1 - y^*(t_1)] - t_1 \ln[1 - y^*(t_2)]}{\ln[1 - y^*(t_1)] - \ln[1 - y^*(t_2)]} \tag{1-87}$$

为了计算方便，取 $y^*(t_1) = 0.39$，$y^*(t_2) = 0.63$，则可得

$$T = 2(t_2 - t_1) \tag{1-88}$$

$$\tau = 2t_1 - t_2 \tag{1-89}$$

最后可取另外两个时刻进行校验，即

$$
\begin{aligned}
t_3 &= 0.8T + \tau & y^*(t_3) &= 0.55 \\
t_4 &= 2T + \tau & y^*(t_4) &= 0.87
\end{aligned}
\tag{1-90}
$$

两点法的特点是单凭两个孤立点的数据进行拟合，而不顾及整个测试曲线的形态。此外，两个特定点的选择也具有某种随意性，因此所得结果的可靠性也是值得怀疑的，需要进行仿真验证，并与实验曲线相比较。

（3）确定式（1-79）中参数 K、τ、T_1、T_2 的方法

如果阶跃响应是一条如图 1-35 所示的 S 形的单调曲线，它也可以用式（1-79）去拟合。由于其中包含两个一阶惯性环节，因此可以期望拟合得更好。

增益 K 同前，仍由输入输出稳态值确定。再根据阶跃响应曲线脱离起始的毫无反应的阶段，开始出现变化的时刻，就可以确定参数 τ。此后剩下的问题就是用下述传递函数去拟合已截去纯迟延部分并已化为无量纲形式的阶跃响应 $y^*(t)$：

$$G(s) = \frac{1}{(T_1 s + 1)(T_2 s + 1)}, \quad T_1 \geqslant T_2 \tag{1-91}$$

与上式对应的阶跃响应为

$$y^*(t) = 1 - \frac{T_1}{T_1 - T_2} e^{-\frac{t}{T_1}} - \frac{T_2}{T_2 - T_1} e^{-\frac{t}{T_2}} \tag{1-92}$$

$$1 - y^*(t) = \frac{T_1}{T_1 - T_2} e^{-\frac{t}{T_1}} - \frac{T_2}{T_1 - T_2} e^{-\frac{t}{T_2}} \tag{1-93}$$

根据上式，就可以利用阶跃响应上两个点的数据 $[t_1, y^*(t_1)]$ 和 $[t_2, y^*(t_2)]$ 确定参数 T_1 和 T_2。例如，可以取 $y^*(t)$ 分别等于 0.4 和 0.8，从曲线上定出 t_1 和 t_2，如图 1-36 所示，就可以得到下述联立方程：

$$
\begin{cases}
\dfrac{T_1}{T_1 - T_2} e^{-\frac{t_1}{T_1}} - \dfrac{T_2}{T_1 - T_2} e^{-\frac{t_1}{T_2}} = 0.6 \\[4mm]
\dfrac{T_1}{T_1 - T_2} e^{-\frac{t_2}{T_1}} - \dfrac{T_2}{T_1 - T_2} e^{-\frac{t_2}{T_2}} = 0.2
\end{cases}
\tag{1-94}
$$

上式之近似解为

$$T_1 + T_2 \approx \frac{1}{2.16}(t_1 + t_2) \tag{1-95}$$

$$\frac{T_1 T_2}{(T_1 + T_2)^2} \approx \left(1.74 \frac{t_1}{t_2} - 0.55\right) \tag{1-96}$$

对于用式（1-96）表示的二阶对象，应有

$$0.32 < \frac{t_1}{t_2} \leqslant 0.46 \tag{1-97}$$

上述结果的正确性可验证如下。

当 $T_2 = 0$ 时，式（1-96）变为一阶对象，而对于一阶对象阶跃响应应有

$$\frac{t_1}{t_2} = 0.32 \ , \quad t_1 + t_2 = 2.12T_1 \qquad\qquad （1\text{-}98）$$

当 $T_2 = T_1$ 时，即式（1-96）中的两个时间常数相等时，根据它的阶跃响应解析式可知

$$\frac{t_1}{t_2} = 0.46 \ , \quad t_1 + t_2 = 2.18 \times 2T_1 \qquad\qquad （1\text{-}99）$$

如果 $t_1/t_2 > 0.46$，则说明该阶跃响应需要用更高阶的传递函数才能拟合得更好，例如可取为式（1-96）。此时，仍根据 $y^*(t)$ 等于 0.4 和 0.8 分别定出 t_1 和 t_2，然后再根据比值 t_1/t_2 利用表 1-10 查出 n 值，最后再用下式计算式（1-79）中的时间常数 T：

$$nT \approx \frac{t_1 + t_2}{2.16} \qquad\qquad （1\text{-}100）$$

表 1-10　高阶惯性对象 $1/(Ts+1)^n$ 中阶数于比值 t_1/t_2 的关系

n	t_1/t_2	n	t_1/t_2
1	0.32	8	0.685
2	0.46	9	
3	0.53	10	0.71
4	0.58	11	
5	0.62	12	0.735
6	0.65	13	
7	0.67	14	0.75

除了较简单的图解法和较严格的解析法外，也可以采用曲线拟合的数值方法，按照误差的方差为最小的目标，搜索待求的参数值，例如，在已经获得了阶跃响应数据，并假定模型形式为 $G(s) = Ke - \tau s/(Ts+1)$ 后，可以对参数进行三维的数值搜索，目标是使 $G(s)$ 的响应曲线数据与实验所得响应曲线数据间误差的方差为最小。特别是随着计算机技术的迅速发展与搜索方法的不断进步，这些方法已变得相当有效，在精确性和方便性两方面都能令人满意。

1.4.3　任务分析与实施

1.4.3.1　任务分析
过程控制系统被控对象特性测试包括单容水箱液位特性测试和双容水箱液位特性测试，是根据水箱的阶跃响应测试方法，得到水箱液位的阶跃响应曲线，并确定被测对象的特征参数 K、T 和传递函数。

1.4.3.2　任务实施
1. 单容水箱液位特性测试
单容水箱液位特性测试是指根据单容水箱的阶跃响应测试方法，得到液位阶跃响应曲线，用相应的方法确定被测对象的特征参数 K、T 和传递函数。

如图 1-37 所示为单容自衡水箱特性结构图，所谓单容指只有一个贮蓄容器。自衡是指对象在扰动作用下，其平衡位置被破坏后，不需要操作人员或设备等干预，依靠其自身重新恢复平衡的过程。如图 1-38 所示为单容自衡水箱特性方框图。阀门 1V1、1V10、V4 全开，设上水箱流入量为

Q_1，改变电动调节阀的开度可以改变 Q_1 的大小，上水箱的流出量为 Q_2，改变出水阀 V6 的开度可以改变 Q_2。液位 h 的变化反映了 Q_1 与 Q_2 不等而引起水箱中蓄水或泄水的过程。若将 Q_1 作为被控过程的输入变量，h 为其输出变量，则该被控过程的数学模型就是 h 与 Q_1 之间的数学表达式。

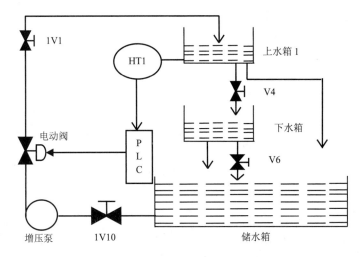

图 1-37　水箱单容特性系统流程图

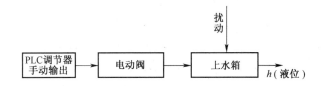

图 1-38　水箱单容特性系统方框图

根据动态物料平衡关系有

$$Q_1 - Q_2 = A \frac{\mathrm{d}h}{\mathrm{d}t} \tag{1-101}$$

将式（1-101）表示为增量形式

$$\Delta Q_1 - \Delta Q_2 = A \frac{\mathrm{d}\Delta h}{\mathrm{d}t} \tag{1-102}$$

式中：ΔQ_1，ΔQ_2，Δh——分别为偏离某一平衡状态的增量；A——水箱截面积。

在平衡时，$Q_1 = Q_2$，$\dfrac{\mathrm{d}h}{\mathrm{d}t}=0$；当 Q_1 发生变化时，液位 h 随之变化，水箱出口处的静压也随之变化，Q_2 也发生变化。由流体力学可知，流体在紊流情况下，液位 h 与流量之间为非线性关系。为了简化起见，经线性化处理后，可近似认为 Q_2 与 h 成正比关系，而与阀门及管壁之间的阻碍液体流动的阻力 R 成反比，即

$$\Delta Q_2 = \frac{\Delta h}{R} \quad 或 \quad R = \frac{\Delta h}{\Delta Q_2} \tag{1-103}$$

式中：R——阀门及管壁之间的阻碍液体流动的阻力，称为液阻。

将式（1-103）经拉氏变换并消去中间变量 Q_2，即可得到单容水箱的数学模型为

$$W_0(s) = \frac{H(s)}{Q_1(s)} = \frac{R}{RCs+1} = \frac{K}{Ts+1} \tag{1-104}$$

式中 T 为水箱的时间常数，$T=RC$；K 为放大系数，$K=R$；C 为水箱的容量系数。若令 $Q_1(s)$ 作阶跃扰动，即 $Q_1(s) = \frac{x_0}{s}$，x_0=常数，则式（1-103）可改写为

$$H(s) = \frac{K/T}{s+\frac{1}{T}} \times \frac{x_0}{s} = K\frac{x_0}{s} - \frac{Kx_0}{s+\frac{1}{T}} \tag{1-105}$$

对上式取拉氏反变换得

$$h(t) = Kx_0(1-e^{-t/T}) \tag{1-106}$$

当 $t \to \infty$ 时，$h(\infty) - h(0) = Kx_0$，因而有

$$K = \frac{h(\infty)-h(0)}{x_0} = \frac{输出稳态值}{阶跃输入} \tag{1-107}$$

当 $t=T$ 时，则有

$$h(T) = Kx_0(1-e^{-1}) = 0.632Kx_0 = 0.632h(\infty) \tag{1-108}$$

或者放大系数 K 也可以根据电流表的显示按下式求得：

$$K = \frac{\Delta h/(h_{max}-h_{min})}{\Delta X/(X_{max}-X_{min})} \tag{1-109}$$

式中，ΔX——调节器输出电流的变化量、mA。

X_{max}——调节器输出电流的上限值、mA 或执行器阀门开度。

X_{min}——调节器输出电流的下限值、mA 或执行器阀门开度。

Δh——液位的变化量、mm。

h_{max}——液位的上限值、mm。

h_{min}——液位的下限值、mm。

例：调节器输出电流由 8mA 增加到 12mA，则

$X = 12-8 = 4mA$

$X/(X_{max}-X_{min}) = 4/(20-4) = 0.25$

$Y/(Y_{max}-Y_{min}) = 0.4$

所以，$K=0.4/0.25=1.6$

式（1-109）表示一阶惯性环节的响应曲线是一单调上升的指数函数，如图 1-39（a）所示，该曲线上升到稳态值的 63% 所对应的时间，就是水箱的时间常数 T。也可由坐标原点对响应曲线作切线 OA，切线与稳态值交点 A 所对应的时间就是该时间常数 T，由响应曲线求得 K 和 T 后，就能求得单容水箱的传递函数。

如果对象具有滞后特性时，其阶跃响应曲线则为图 1-39（b），在此曲线的拐点 D 处作一切线，它与时间轴交于 B 点，与响应稳态值的渐近线交于 A 点。图中 OB 即为对象的滞后时间 τ，BC 为对象的时间常数 T，所得的传递函数为：

$$H(S) = \frac{Ke^{-\tau s}}{1+Ts} \tag{1-110}$$

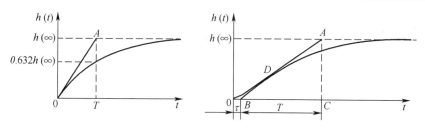

图 1-39　单容水箱的阶跃响应曲线

2. 双容水箱液位特性测试

双容水箱液位特性测试是指根据双容水箱特性的阶跃响应曲线测试方法，得到双容水箱的液位阶跃响应曲线，用相应的方法确定被测对象的特征参数 K、T_1、T_2 及传递函数。

图 1-40 所示为上下水箱对象特性控制系统流程图，被测对象由两个不同容积的水箱相串联组成，故称其为双容对象。

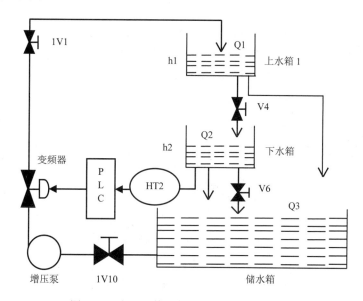

图 1-40　上下水箱对象特性控制系统流程图

图 1-41 所示为上下水箱对象特性控制系统方块图，根据双容水箱数学模型是两个单容水箱数学模型的乘积，即双容水箱的数学模型可用一个二阶惯性环节来描述：

$$G(s) = G_1(s)G_2(s) = \frac{k_1}{T_1 s + 1} \times \frac{k_2}{T_2 s + 1} = \frac{K}{(T_1 s + 1)(T_2 s + 1)} \tag{1-111}$$

式中，$K = k_1 k_2$ 为双容水箱的放大系数，T_1、T_2 分别为两个水箱的时间常数。

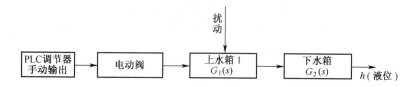

图 1-41　上下水箱对象特性控制系统方框图

被测量为下水箱的液位，当上水箱 1 输入量有一阶跃增量变化时，两水箱的液位变化曲线如图 1-42 所示。由图 1-42 可见，上水箱液位的响应曲线为一单调上升的指数函数（图（a））；而液位的响应曲线则呈 S 形曲线（图（b）），即上水箱的液位响应滞后了，它滞后的时间与阀 V4 和 V6 的开度大小密切相关。

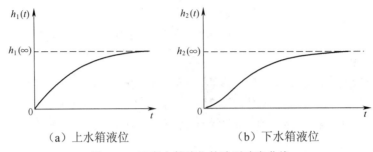

（a）上水箱液位　　　　　　（b）下水箱液位

图 1-42　双容水箱液位的阶跃响应曲线

双容对象两个惯性环节的时间常数可按下述方法来确定。在图 1-43 所示的阶跃响应曲线上求取：

（1）$h_2(t)|_{t=t_1} = 0.4h_2(\infty)$ 时曲线上的点 B 和对应的时间 t_1；

（2）$h_2(t)|_{t=t_2} = 0.8h_2(\infty)$ 时曲线上的点 C 和对应的时间 t_2。

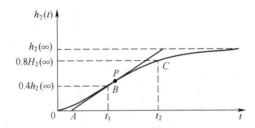

图 1-43　双容水箱液位的阶跃响应曲线

然后，利用下面的近似公式计算

$$K = \frac{h_2(\infty)}{x_0} = \frac{\text{输入稳态值}}{\text{阶跃输入量}} \qquad (1\text{-}112)$$

$$T_1 + T_2 \approx \frac{t_1 + t_2}{2.16} \qquad (1\text{-}113)$$

$$\frac{T_1 T_2}{(T_1 + T_2)^2} \approx (1.74\frac{t_1}{t_2} - 0.55) \qquad (1\text{-}114)$$

$$0.32 < t_1/t_2 < 0.46 \qquad (1\text{-}115)$$

由上述两式中解出 T_1 和 T_2，于是得到如式（1-116）所示的传递函数。

在改变相应的阀门开度后，对象可能出现滞后特性，这时可由 S 形曲线的拐点 P 处作一切线，它与时间轴的交点为 A，OA 对应的时间即为对象响应的滞后时间 τ。于是得到双容滞后（二阶滞后）对象的传递函数为：

$$G(s) = \frac{K}{(T_1 S + 1)(T_2 S + 1)} e^{-\tau S} \qquad (1\text{-}116)$$

1.4.4　任务思考

1. 什么是被控过程的数学模型？
2. 建立被控过程数学模型的目的是什么？过程控制对数学模型有什么要求？
3. 建立被控过程数学模型的方法有哪些？各有什么要求和局限性？
4. 什么是传递函数？传递函数的一般表达式？
5. 被控对象特性的描述方法有几种？
6. 什么是对象的动态特性？
7. 被控对象的特性参数一般用什么来表示？
8. 什么是单容过程和多容过程？
9. 什么是过程的滞后特性？滞后又有哪几种？产生的原因是什么？

项目二

过程控制系统设计与调试

【项目学习目标】

 **知识目标**

- 掌握过程控制系统的设计、安装和调试;
- 掌握过程控制系统的连接、控制原理及各部分功能;
- 掌握主副控制器的控制规律以及调节器控制规律的选择方法;
- 能确定过程控制系统方案,并绘制规范的系统结构图和方框图;
- 了解过程控制系统调节器参数的整定和控制方法;
- 掌握过程控制系统设计中要注意的问题;
- 掌握过程控制系统投运和调试的方法;
- 掌握测量仪表的选择及安装。

 **技能目标**

- 能熟练分析过程控制系统的组成、各部分作用、控制原理、安装位置;
- 能正确连接过程控制系统管路、电路,并熟练操作监控系统;
- 能熟练操作控制仪表和检测;
- 具有过程控制系统常见故障分析和排除的能力;
- 能分析控制器参数变化对过程控制质量的影响;
- 具有过程控制系统的投运和调试能力;
- 能对生产过程控制系统的调试运行结果进行控制性能指标分析。

任务一　单回路过程控制系统设计和投运

2.1.1　任务要求

分析单回路控制系统的设计要求；选择单回路控制系统的设计方法；掌握单回路控制系统的设计原则；掌握单回路控制系统的设计步骤；确定单回路控制系统设计内容；设计单回路控制系统方案；选择控制器的控制规律；进行单回路控制系统的整定；完成单回路控制系统的投运。

2.1.2　相关知识

2.1.2.1　单回路过程控制系统的组成

单回路过程控制系统，通常是指由一个测量元件、一个变送器、一个控制器、一个控制阀和一个对象所构成的单闭环控制系统，因此也称为单闭环控制系统或简单控制系统，如图 2-1 所示是单回路控制系统方框图。

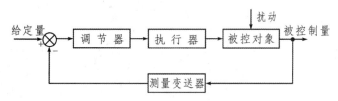

图 2-1　单回路控制系统方框图

单回路过程控制系统由四个基本环节组成，即被控对象（简称对象）、测量变送装置、控制器和执行器。从图 2-1 中可以看出，单回路控制系统中有一条从系统的输出端引向输入端的反馈路线，也就是说该系统中的控制器是根据被控变量的测量值与给定值的偏差来进行控制的，这是单回路控制系统的特点。

单回路过程控制系统是实现生产过程自动化的基本单元，其结构简单、所需的自动化装置数量少、投资低、操作维护方便、易于调整和投运，能满足一般工业生产过程的控制要求，因此，这种控制系统在工业生产中得到了广泛的应用，尤其适用于被控过程的纯滞后和惯性小、负荷和扰动变化比较平缓，或者控制质量要求不太高的场合。

2.1.2.2　单回路过程控制系统的设计方法

单回路过程控制系统的设计方法很多，主要有对数频率特性设计法、根轨迹设计法、系统参数优化的计算机辅助设计法等。

2.1.2.3　单回路过程控制系统的设计要求

单回路过程控制系统设计的一般要求：过程控制系统是稳定的，并且具有适当的稳定裕度；单回路过程控制系统应是一个衰减振荡过程，但过渡过程时间要短，余差要小。

2.1.2.4　单回路过程控制系统的设计步骤

单回路过程控制系统的设计步骤如下。

1．建立被控过程的数学模型。

2．选择控制方案。

3. 建立过程控制系统方框图。

4. 进行过程控制系统静态、动态特性分析计算。

5. 实验和仿真。

2.1.3 任务分析与实施

2.1.3.1 任务分析

设计一个单回路过程控制系统，首先应对被控对象做全面的了解，除被控对象的动态特性外，对于工艺过程、设备等也需要深入了解；在此基础上，确定正确的控制方案，包括合理地选择被控变量和操纵变量，选择合适的检测变送元件及检测位置，选用恰当的执行器、调节器以及控制规律等；最后将调节器的参数整定到最佳值。

控制方案的设计是单回路过程控制系统设计的核心，包括合理选择被控参数和控制参数、信息的获取和变送、调节阀的选择、调节器控制规律及正、反作用方式的确定等。

工程设计包括仪表选型、控制室和仪表盘设计、仪表供电供气系统设计、信号及联锁保护系统设计等。

工程安装和仪表调校后对调节器参数进行工程整定，保证控制系统运行在最佳状态。

2.1.3.2 任务实施

单回路过程控制系统方案设计如下。

1. 被控变量的选择

被控变量是对提高产品质量和产量、促进安全生产、提高劳动生产率、节能等具有决定作用的工艺变量。

选取被控变量的一般基本原则如下。

（1）对于控制产品质量的系统，选择质量指标参数（对产品的产量和质量、安全生产、经济运行和环境保护具有决定性作用的），可直接测量的工艺参数为被控变量。

（2）为某一工艺目的或物料平衡而设置的系统，被控变量可按工艺操作的期望要求直接选定。如果需要控制的变量是温度、压力、流量或液位，则可以直接将这些变量作为被控变量，组成控制系统，因为测量这些参数的仪表是很成熟的。

（3）当不能用工艺过程的质量指标作为被控变量时，应选择与产品质量指标有单值对应关系的间接变量作为被控变量。当干扰进入系统时，该被控变量必须具有足够的灵敏度和变化数值。

（4）被控变量的选择必须考虑工艺过程的合理性、经济性以及所用仪表的性能。

如图 2-2 所示是苯-甲苯二元体系精馏过程，它是利用被分离物各组分挥发程度的不同，通过在精馏塔内给物料施加一定的温度和压力，把混合物分离成组分较纯的产品。当塔内气液相并存时，塔顶易挥发组分苯的浓度 X_D 与塔顶温度 T_D、塔压 P_D 三者之间的关系可表示为

$$X_D = f(T_D, P_D) \tag{2-1}$$

精馏塔中存在气、液两相，所以相数 $P=2$，组分数 $c=2$，则 $f=2-2+2=2$，表明在苯的浓度 X_D、塔顶温度 T_D、塔压 P_D 三个参数中有两个是独立变量。

苯的浓度 X_D 是工艺直接质量指标，应考虑作为被控变量，但是工业用色谱仪表测量信号滞后严重，仪表可靠性也差的原因，所以很难直接以苯的浓度 X_D 为被控变量，只能考虑和 X_D 有关系的间接变量 T_D 和 P_D 作为被控变量。由图 2-3 可见，当 P_D 恒定时，塔顶温度 T_D 与苯的浓度 X_D 存在着单值关系，温度越低，产品的浓度越高，反之亦然。当 T_D 恒定时，X_D 与 P_D 之间也存在着单值

关系，如图 2-4 所示，压力越高，产品浓度越高，反之亦然。只要固定 T_D 和 P_D 中的任一变量，另一个变量就与 X_D 存在单值对应关系。

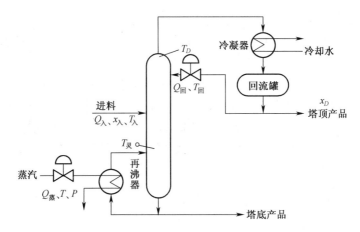

图 2-2　苯-甲苯精馏塔控制系统

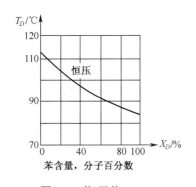

图 2-3　苯-甲苯 X_D-T_D

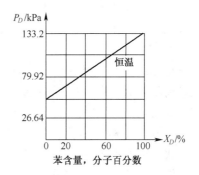

图 2-4　苯-甲苯 X_D-P_D

在精馏塔操作中，压力通常是固定的。固定了塔压，就相当于减少了体系中的一个自由度，所以选择塔顶温度 T_D 作为被控变量。

选择塔顶温度 T_D 作为被控变量时，当 X_D 变化时，温度的变化必须比较灵敏，所以常常把测温点下移几块塔板，把精馏塔灵敏板的温度作为被控变量，控制效果会更好。

2. 控制参数的选择

扰动作用是由扰动通道对过程的被控参数产生影响，力图使被控参数偏离给定性。控制作用是由控制通道对过程的被控参数起主导影响，抵消扰动影响，以使被控参数尽力维持在给定值。在生产过程有几个控制参数可供选择时，一般希望控制通道克服扰动的校正能力要强，动态响应要比扰动通道快。

当工艺上允许有几种控制参数可供选择时，可根据被控过程扰动通道和控制通道特性，对控制质量的影响作出合理的选择，所以正确选择控制参数就是正确选择控制通道的问题。

需要正确选择控制参数时，可由过程静态特性分析来确定扰动通道静态放大倍数 K_f、控制通道静态放大倍数 K_o，过程扰动通道动态特性分析来确定时间常数 T_f、时延 τ_f、扰动作用点位置，过程控制通道动态特性分析来确定时间常数 T_o、时延 τ（包括纯时延 τ_0、容量时延 τ_c）、时间常数匹配。

根据过程特性选择控制参数的一般原则如下。

（1）控制通道参数选择：选择过程控制通道的放大系数 K_o 要适当大一些，时间常数 T_o 要适当小一些；纯时延 τ_0 愈小愈好，在有纯时延 τ_0 的情况下，τ_0 与 T_o 之比应小一些（小于1），若其比值过大，则不利于控制。

（2）扰动通道参数选择：选择过程扰动通道的放大系数 K_f 应尽可能小；时间常数 T_f 要大；扰动引入系统的位置要远离控制过程，即靠近调节阀；容量时延 τ_c 愈大则有利于控制。

（3）时间常数匹配：广义过程（包括调节阀和测量变送器）由几个一阶环节组成，在选择控制参数时，应尽量设法把几个时间常数错开，使其中一个时间常数比其他时间常数大得多，同时注意减小第二、第三个时间常数。

（4）注意工艺操作的合理性、经济性。

3. 操纵变量的选择

操纵变量是指在控制系统中，用来克服干扰对被控变量的影响，实现控制作用的变量。

（1）操纵变量的选择

操纵变量的选择主要从被控对象的特性及工艺合理性方面考虑。

①从被控对象的静态特性分析，操纵变量的选择要考虑控制通道放大系数 K_o 和干扰通道放大系数 K_f 二方面。

操纵变量 $q(t)$ 对应的控制通道放大系数 K_o 的数值大，说明控制作用显著，因而，假定工艺上允许有几种控制手段可供选择，应该选择控制通道放大系数 K_o 适当大一些的，并以有效的介质流量作为操纵变量。

在选择操纵变量时，为提高系统的控制质量，操纵变量的选择在满足工艺合理性的前提下，一般干扰通道放大系数 K_f 适当大一些，以便使操纵变量对被控变量有足够大的控制灵敏度。

②从对象动态特性分析，操纵变量的选择要考虑时间常数 T 和纯滞后 τ。

控制通道时间常数对控制系统的影响：由时间常数的物理意义可知，在相同的控制作用下，被控对象的时间常数大，则被控变量的变化比较和缓，一般而言，这种过程比较稳定，容易控制，但控制过程过于缓慢；对象的时间常数小，则情况相反。控制通道的时间常数太大或太小，在控制上都将存在一定的困难，因此需根据实际情况适当考虑。

干扰通道时间常数对控制系统的影响：当干扰通道时间常数越大，对控制系统越有利。

纯滞后对控制通道的影响：纯滞后 τ 对系统控制过程的影响，需按其与被控对象的时间常数 T 的相对值 τ/T 来考虑。不论纯滞后存在于操纵变量方面或是被控变量方面，都将使控制作用落后于被控变量的变化。因此容易使最大偏差或超调量增大，振荡加剧，对过渡过程是不利的。在 τ/T 较大时，为了确保系统的稳定性，需要一定程度上降低控制系统的控制指标。一般认为 $\tau/T \leq 0.3$ 的对象较易控制，而 $\tau/T > (0.5 \sim 0.6)$ 的对象往往需用特殊控制规律。

纯滞后对干扰通道的影响：对于干扰通道来说，如果存在纯滞后，并不影响控制系统的品质，即对过渡过程曲线的形状没有影响。

（2）操纵变量选择的一般原则

操纵变量选择的一般原则如下。

①操纵变量的选择，在工艺上首先要合理，符合节能、安全、经济运行要求。

②从系统考虑，操纵变量对被控变量的影响应比其他干扰对被控变量的影响更加灵敏。

③操纵变量应是可控的，是工艺上允许调节的变量。

④使被控对象控制通道的放大系数较大，时间常数较小，纯滞后时间越小越好。

⑤使被控对象干扰通道的放大系数尽可能小，时间常数越大越好。

4. 系统设计中的检测变送问题

检测变送环节在控制系统中起着获取信息和传送信息的作用。一个控制系统如果不能正确及时地获取被控变量变化信息，并把一信息及时地传送给调节器，就不可能及时有效地克服干扰对被控变量的影响，甚至会产生误调、失调等危及生产安全的问题。所以，被控参数的测量和变送必须迅速正确地反映其实际变化情况，为系统设计提供准确的控制依据。

（1）纯滞后

在过程控制中，由于检测元件安装位置的不适当将会产生纯滞后。纯滞后使测量信号不能及时地反映被控变量的实际值，从而降低了控制系统的控制质量。

（2）测量滞后

测量滞后是指由测量元件本身特性所引起的动态误差。当测量元件感受被控变量的变化时，要经过一个过程，才能反映被控变量的实际值，这时测量元件本身就构成了一个具有一个时间常数的惯性环节。

克服测量滞后的两种方法：一是尽量选用快速测量元件，以测量元件的时间常数为被控对象的时间常数的十分之一以下为宜；二是在测量元件之后引入微分作用，在调节器中加入微分控制作用，使调节器在偏差产生的初期，根据偏差的变化趋势发生相应的控制信号。

（3）传递滞后

传递滞后，即信号传输滞后，主要是由气压信号在管路传送过程中引起的滞后。

传递滞后总是存在的，克服减小信号传递滞后可采取以下改善方法。

①检测变送环节尽量缩短气压信号管线的长度，一般不超过300m。

②若测量信号为电信号，可将转换器安装在仪表盘附近，以缩短气压信号的传送距离。

③若调节器输出为气压信号，可在50～60 m距离间气压管线上安装一个气动继动器，或在执行器上加气动阀门定位器，提高气压信号的传输功率，减少传递滞后的影响，以减小传递时间。

④若调节器输出为电信号，应将转换器安装在调节阀附近，或采用电气阀门定位器。

⑤改用电信号传递，即先用气电转换器把调节器输出的气压信号变成电信号，送到现场后，再把电信号转换成气压信号送到执行器上。

5. 执行器（控制阀）的选择

在过程控制系统中，执行器接受控制器送来的控制信号，经执行机构将其转换成相应的角位移或直线位移，去操纵调节机构，从而将被控变量维持在工艺要求的数值上或在一定的范围内，以实现过程的自动控制。在任何过程控制系统中，执行器是必不可少的重要组成部分。

执行器通常指的是控制阀，它是带有执行机构的阀门，可以根据控制器送来的控制信号自动改变阀门的开度。

（1）执行器的基本组成

执行器一般是由执行机构和控制机构（阀）两部分组成。执行机构是执行器的推动装置，它按控制信号的大小产生相应的推力，推动执行机构动作，所以它是将控制信号转换为阀杆位移的装置。控制机构是执行器的控制部分，它直接与被控介质接触，控制流体的流量，所以它是将阀杆的位移转换为流过阀的流量的装置。

（2）执行器的分类

执行器根据驱动动力的不同，可分为气动执行器、液动执行器和电动执行器三大类。

气动执行器采用压缩空气做为能源，其特点是结构简单、动作可靠、平稳、输出推力较大、维修方便、防火防爆、价格低廉，因此广泛应用于化工、炼油等生产过程中。气动执行器在采用电动仪表或计算机控制时，可以经过电-气转换器或电-气阀门定位器将电信号转换为 0.02～0.1MPa 的标准气压信号。电动执行器的能源取用方便，信号传递迅速，在油田中大量使用。

（3）气动执行器

气动执行器主要由执行机构和控制机构两大部分组成。根据不同的使用要求，它又可分为许多不同的形式。

①气动执行机构

气动执行器的执行机构主要分为薄膜式和活塞式两种。

活塞式执行机构的推力较大，主要适用于大口径、高压降控制阀和蝶阀的推动装置。薄膜式执行机构最为常用，它可以用做一般控制阀的推动装置，组成气动薄膜式执行机构，习惯上称为气动薄膜控制阀。它的结构简单、价格便宜、维修方便、应用广泛。

气动薄膜式执行机构有正作用和反作用两种形式。当来自控制器或阀门定位器的信号压力增大时，阀杆向下动作的叫正作用执行机构（ZMA 型）；当信号压力增大时阀杆向上动作的叫反作用执行机构（ZMB 型）。

现以正作用执行机构为例来说明气动薄膜式执行机构的结构，它是由上下膜盖、波纹膜片、推杆、弹簧、标尺等组成。当来自控制器的气压信号增大时，通过上膜盖上的膜头作用在橡胶膜片上，产生向下的推力增大，使推杆移动并压缩弹簧，当弹簧的反作用力与推力相等时，推杆稳定在某一位置上。执行机构的输出位移与输入气压信号成比例关系。信号压力越大，推杆的位移量也越大，推杆的位移就是执行机构的直线输出位移，也称行程。当信号压力在 0.02～0.1MPa 范围变化时，阀杆做全行程动作。行程规格有 10、16、25、40、60、100mm 等。

②控制机构

控制机构即控制阀体，实际上是一个局部阻力可以改变的节流元件。调节阀与工艺管道中被调介质直接接触，通过阀杆上部与执行机构相连，下部与阀芯相连。阀芯根据需要可以正装，也可以反装。由于阀芯在阀体内运动，改变了阀芯与阀座之间的流通面积，即改变了阀的阻力系数，被控介质的流量也就相应地改变，从而达到控制工艺参数的目的。

根据不同的使用要求，控制阀（调节机构）的机构型式很多，常见的控制阀主要有直通单座阀、直通双座阀、套筒阀（笼式阀）、角形阀、三通阀、蝶阀（翻板阀）、隔膜阀、凸轮挠曲阀（偏心旋转阀）、球阀等，最常用的是直通单阀座和直通双阀座两种。

控制阀的阀芯与阀杆间用销钉连接，这种连接形式使阀芯根据需要既可以正装（正作用），也可以反装（反作用）。

（4）电动执行器

电动执行器是接收来自控制器的 4～20mA 的直流电流信号，并将其转换成相应的输出力和直线位移或输出力矩和角位移，推动下部的调节机构（调节阀档板）动作，直接调节流体的流量，以实现自动控制。

电动执行器主要由执行机构和调节阀（调节机构）两大部分组成。根据不同的使用要求，它们又可分为许多不同的形式。

①执行机构工作原理

电动执行机构是以电动机为驱动源、以直流电流为控制及反馈信号,原理方框图如图 2-5 所示。当控制器的输入端有一个信号输入时,此信号与位置信号进行比较,当两个信号的偏差值大于规定的死区时,控制器产生功率输出,驱动伺服电动机转动使减速器的输出轴朝减小这一偏差的方向转动,直到偏差小于死区为止。此时输出轴就稳定在与输入信号相对应的位置上。

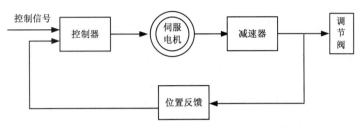

图 2-5　电动执行机构工作原理

②调节阀的基本结构

调节阀与工艺管道中被调介质直接接触,阀芯在阀体内运动,改变阀芯与阀座之间的流通面积,即改变阀门的阻力系数就可以对工艺参数进行调节。

图 2-6、图 2-7 分别给出直通单阀座和直通双阀座的典型结构,它由上阀盖(或高温上阀盖)、阀体、下阀盖、阀芯与阀杆组成的阀芯部件、阀座、填料、压板等组成。

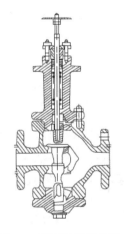

图 2-6　直通单座调节阀

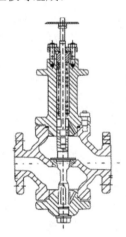

图 2-7　直通双座调节阀

直通单阀座的阀体内只有一个阀芯和一个阀座,其特点是结构简单、泄漏量小(甚至可以完全切断)和允许压差小。因此,它适用于要求泄漏量小、工作压差较小的干净介质的场合。在应用中应特别注意其允许压差,防止阀门关不死。

直通双座调节阀的阀体内有两个阀芯和阀座。它与同口径的单座阀相比,流通能力约大 20%~25%。因为流体对上、下两阀芯上的作用力可以相互抵消,但上、下两阀芯不易同时关闭,因此双座阀具有允许压差大、泄漏量较大的特点。适用于阀两端压差较大、泄漏量要求不高的干净介质场合,不适用于高粘度和含纤维的场合。

电动执行器有角行程、直行程和多转式等类型。角行程电动执行机构以电动机为动力元件，将输入的直流电流信号转换为相应的角位移（0°～90°），这种执行机构用于操纵蝶阀、档板之类的旋转式控制阀。直行程电动执行机构接收输入的直流电流信号后，使电动机转动，然后经减速器减速并转换为直线位移输出，去操纵单座、双座、三通等各种控制阀和其他直线式控制机构。多转式电动执行机构主要用来开启和关闭闸阀、截止阀等多转式阀门。

各种类型的电动执行机构在电气原理上基本是相同的，只是减速器不一样。下面以角行程的电动执行机构为例说明。

角行程执行机构主要由伺服放大器、伺服电动机、减速器、位置发送器和操纵器组成。其工作过程如下：伺服放大器将由控制器来的输入信号与位置反馈信号进行比较，当无信号输入时，由于位置反馈信号也为零，放大器无输出，电动机不转；如有信号输入，且与位置反馈信号比较产生偏差，经放大器放大后，驱动伺服电动机，经减速后使减速器的输出轴转动，直到与输出轴相连的位置发送器的输出信号与输入信号相等为止。此时输出轴就稳定在与该输入信号相对应的转角上，实现了输入电流信号与输出转角的转换。

位置发送器是能将执行机构输出轴的位移转变为 4～20mA DC 反馈信号的装置，它的主要部分是差动变压器。

电动执行机构不仅可与控制器配合实现自动控制，还可以通过操纵器实现控制系统的自动控制和手动控制的相互切换。当操纵器的切换开关置于手动操纵位置时，由正、反操作按钮直接控制电动机的电源，以实现执行机构输出轴的正转或反转，进行遥控手动操作。

（5）阀门定位器的使用

阀门定位器是控制阀的辅助装置，与执行机构配套使用，如图 2-9 所示是气动阀门定位器，如图 2-9 所示是电气阀门定位器。

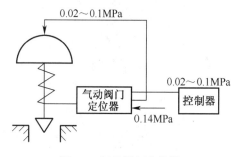

图 2-8 气动阀门定位器

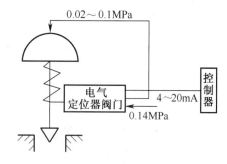

图 2-9 电气阀门定位器

（6）执行器（控制阀）的选择

执行器常常工作在高温、高压、深冷、强腐蚀、高粘度、易结晶、闪蒸、汽蚀、高压差等状态下，使用条件恶劣，因此，它是整个控制系统的薄弱环节。如果执行器选择或使用不当，往往会给生产过程自动化带来困难。在许多场合下，会导致控制系统的控制质量下降、调节失灵，甚至因介质的易燃、易爆、有毒而造成严重的事故。因此，执行器必须正确地选用、安装和维修。

选用控制阀时，一般要根据被控介质的特点（即温度、压力、腐蚀性、粘度等）、控制要求、安装地点等因素，参考各种类型控制阀的特点合理地选用。

在执行器的具体选择时，一般应考虑四个方面：控制阀结构型式的选择、控制阀流量特性的选择、作用方式（即控制阀气开气关形式）的选择以及控制阀口径的选择。

①控制阀结构型式的选择

控制阀的结构型式主要是根据工艺条件，如温度、压力及介质的物理、化学特性（如腐蚀性、粘度等）来选择。例如：强腐蚀性介质可采用隔膜阀，高温介质可选用带翅形散热片的结构形式。

②控制阀流量特性的选择

根据控制阀流量特性选择时，控制系统总的放大倍数尽可能保持不变，通常被控过程的特性是非线性的（一阶以上特性），而变送器、调节器（若比例作用时）和执行机构的放大系数是常数。因此往往通过选择调节阀的流量特性来补偿被控过程特性的非线性，从而达到系统总放大倍数不变的目的。

控制阀的流量特性一般是先按控制系统的特点来选择阀的希望流量特性，然后再考虑工艺配管情况来选择相应的理想流量特性。使控制阀在具体的管道系统中，畸变后的工作流量特性能满足控制系统对它的要求。目前使用较多的是等百分比流量特性。

③控制阀气开式与气关式的选择

气动控制阀有气开式与气关式两种型式。气开控制阀是指当输入到执行机构的信号增加时，流过控制阀的流量增加（开度增大），在无压力信号（或失气）时气开控制阀处于全关状态；气关控制阀则是指当输入到执行机构的信号增加时流过控制阀的流量减小（开度减小），在无压力信号（或失气）时气关控制阀则处于全开状态。

控制阀气开、气关形式的选择应考虑三个方面：从工艺生产的安全角度考虑，从介质特性上考虑，从保证产品质量、经济损失最小的角度考虑。

调节阀气开、气关形式的选择原则：主要从安全方面考虑。当仪表供气系统发生故障或控制信号突然中断时，应保证生产设备安全和操作人员的安全。如果阀处于打开位置时危害性小，则应选择气关式；反之，则应选择气开式。

④控制阀口径的选择

控制阀口径选择得合适与否将会直接影响控制效果。口径选得过小，会使流经控制阀的介质达不到所需的最大流量。如果干扰幅度较大，系统会因介质流量的不足而失控，使控制效果变差，此时若企图通过开大旁路阀来弥补介质流量的不足，则会使阀的流量特性发生畸变；口径选得过大，不仅会浪费设备投资，而且会使控制阀经常处于小开度工作，控制性能也会变差，易使控制系统变得不稳定。

调节阀口径大小的选择，主要依据是控制阀的流通能力。正常工况下要求控制阀开度处于15%～85%之间。

控制阀的口径选择是由控制阀的流量系数 C 值决定的。C 的定义为：在给定的行程下，当阀两端压差为 100kPa，流体密度为 $1g/cm^3$ 时，流经控制阀的流体流量（以 m^3/h 表示）。

控制阀的流量系数 C 表示控制阀容量的大小，是表示控制阀流通能力的参数。因此，C 亦称为控制阀的流通能力。

控制阀全开时的流量系数 C_{100} 称为控制阀的最大流量系数 C_{max}。C_{max} 与控制阀的口径大小有着直接的关系。因此，控制阀口径的选择实质上就是根据特定的工艺条件（即给定的介质流量、阀前后的压差及介质的物性参数等）进行 C_{max} 值的计算，然后按控制阀生产厂家的产品目录，选出相应的控制阀口径，使得通过控制阀的流量满足工艺要求的最大流量且有一定的裕量，但裕量不宜过大。

C 值的计算与介质的特性、流动的状态等因素有关，具体计算时应参考有关计算手册或应用相应的计算机软件。

（7）执行器（控制阀）的安装与维护

控制阀能否发挥效用，一方面取决于控制阀结构、特性选择是否合适，另一方面取决于安装使用情况。安装时一般应注意以下几点。

①安装前应检查控制阀是否完好，阀体内部是否有异物，管道是否清洁等。

②控制阀应垂直、正立安装在水平管道上。特殊情况需要水平或倾斜安装的需要加支撑。

③安装位置应方便操作和维修。阀的上下方应留有足够的空间，以便维修时取下各元件。

④控制阀阀组（前后切断阀、排放阀、旁通阀）配管应组合紧凑，便于操作、维修和排液。

⑤环境温度一般不高于+60℃，不低于-40℃。控制阀用于高黏度、易结晶、易汽化及低温流体时应采取保暖和放冷措施。

⑥控制阀应远离连续振动设备。控制阀安装在有振动场合时，宜采取防振措施。

控制阀的工作环境复杂，一旦出现问题会影响到很多方面，例如系统投运、系统安全、调节品质、环境污染等。因此要正确使用控制阀，尽量避免让控制阀工作在小开度状况下，在小开度下，流体流速最大，对阀的冲蚀最严重，严重影响阀的使用寿命；在一些特殊环境中，如腐蚀性介质的控制，节流元件可用特殊材料制造，延长使用寿命。

6. 调节器控制规律的选择

调节器控制规律的选择是为了使调节器的特性与控制过程的特性能很好配合，使所设计的系统能满足生产工艺对控制质量指标的要求。

（1）调节器 PID 控制规律对控制质量的影响

①当广义过程的时间常数较大，纯时延较小时（即 $\dfrac{\tau_0}{T_0}$ 很小），引入微分作用其效果良好。此时各类调节器控制规律对控制质量的影响为：比例积分微分（PID）作用最好，比例微分（PD）作用较好，比例（P）作用次之，比例积分（PI）作用较差。

②当过程控制通道时间常数较小，而负荷变化很快，引入微分和积分作用均要引起系统振荡，对控制质量的影响不利。

③当过程控制通道时延很大，负荷变化也很大时，单回路控制系统已不能满足工艺要求，需采用其他控制方案。

（2）调节器控制规律的选择原则

根据过程特性选择控制规律如下。

比例控制规律：适用于控制通道滞后较小，时间常数不太大，扰动幅度较小，负荷变化不大，控制质量要求不高，允许有余差的场合。如贮罐液位、塔釜液位的控制和不太重要的蒸汽压力的控制等。

比例积分控制规律：引入积分作用能消除余差。适用于控制通道滞后小，负荷变化不太大，工艺上不允许有余差的场合，如流量或压力的控制。

比例微分控制规律：引入了微分，会有超前控制作用，能使系统的稳定性增加，最大偏差和余差减小，加快了控制过程，改善了控制质量。适用于过程容量滞后较大的场合。对于滞后很小和扰动作用频繁的系统，应尽可能避免使用微分作用。

比例积分微分控制规律：可以使系统获得较高的控制质量，它适用于容量滞后大、负荷变化大、控制质量要求较高的场合，如反应器、聚合釜的温度控制。

也可以根据 $\dfrac{\tau_0}{T_0}$ 比值选择调节器的控制规律。

① $\dfrac{\tau_0}{T_0}$ <0.2 时，选用比例或比例积分控制规律；

② 0.2< $\dfrac{\tau_0}{T_0}$ <1 时，选用比例积分或比例积分微分控制规律；

③ $\dfrac{\tau_0}{T_0}$ >1 时，单回路反馈控制系统已不能满足控制要求，应根据具体情况，采用其他控制方式。

7．调节器正、反作用的确定

调节器正作用是指调节器的输出随着正偏差（指测量值大于设定值）的增加而增加，即调节器的输出随着测量值增大而增大。

调节器反作用是指调节器的输出随着正偏差的增加而减小，即调节器的输出随着测量值增大而减少。

调节器作用方向确定的原则：应根据被控过程的特性及调节阀的气开、气关形式来正确选择，以使自动控制系统成为一个负反馈的闭环系统，即如果被控变量偏高，则控制作用应使之降低；相反，如果被控变量偏低，则控制作用应使之升高。控制作用对被控变量的影响应与扰动作用对被控变量的影响相反，才能使被控变量回到设定值。

控制系统各环节的极性的规定：

（1）正作用调节器：即当系统的测量值增加时，调节器的输出增加，其静态放大系数 K_c 取负。

（2）反作用调节器：即当系统的测量值增加时，调节器的输出减小，其静态放大系数 K_c 取正。

（3）气开式调节阀：其静态放大系数 K_v 取正。

（4）气关式调节阀：其静态放大系数 K_v 取负。

（5）正作用被控过程：其静态放大系数 K_0 取正。

（6）反作用被控过程：其静态放大系数 K_0 取负。

过程控制系统要能正常工作，则该系统的各个环节的极性（可用其静态放大系数表示）相乘必须为正。变送器的静态放大系数 K_m 通常为正极性，故只需调节器 K_c、调节阀 K_v 和过程的 K_0 极性相乘起来必须为正即可。

确定调节器正、反作用的次序过程：首先根据生产工艺安全等原则确定调节阀的气开、气关形式；然后按被控过程特性，确定其正、反作用；最后根据上述组成该系统的开环传递函数各环节的静态放大系数极性相乘必须为正的原则来确定调节器的正、反作用方式。

8．单回路控制系统整定

（1）有关单回路控制系统整定的概述

单回路控制系统整定是指选择调节器的比例度 σ、积分时间 T_I 和微分时间 T_d 的具体数值。系统整定的实质，就是通过改变控制参数使调节器特性和被控过程特性配合好，来改善系统的动态和静态特性，求得最佳的控制效果。只有系统设计正确，仪表经过调校和正确安装之后，调节器参数的整定才是有意义的。

系统的良好控制效果一般要求：瞬时响应的衰减率 Ψ=0.75～0.9（以保证系统具有一定的稳定性储备），尽量减小稳态偏差（余差）、最大偏差和过渡过程时间。

调节器参数的整定方法可分为理论计算整定法和工程整定方法两大类。

（2）理论计算整定法

理论计算整定法包括根轨迹法、频率特性法等。这类整定方法要求已知过程的数学模型，其计算繁琐，工作量很大，而且最后得到的数据一般精度又不高，所以目前在工程上较少采用。

理论计算整定法简单介绍根轨迹法。

①根轨迹作图整定方法原理

应用根轨迹作图方法的原则来选择调节器的 PID 参数，使系统特征方程中对瞬态响应起主导作用的根满足某一指定要求，从而使系统的瞬态响应达到指定的性能指标。

单回路控制系统根轨迹的基本方程式为

$$w(s)w_0(s) = w_K(s) = -1 \qquad (2\text{-}2)$$

根轨迹上各点（即系统特征方程式的根）应满足下列条件：

幅角条件：

$$w_K(s) = \pm(2N+1)180°, \quad (N = 0,1\cdots) \qquad (2\text{-}3)$$

模值条件：

$$|w_K(s)| = 1 \qquad (2\text{-}4)$$

单回路控制系统整定时，$w_0(s)$ 为已知，调节器 $w(s)$ 的形式已定，但比例度 σ，积分时间 T_I、微分时间 T_d 待定。利用根轨迹作图方法可以定出开环增益和一个或两个可变开环零点、极点的适当位置，使系统特征方程的主导复根位于根平面确定的折线上，从而求出调节器的整定参数值和主导复根。

②比例调节器时的根轨迹作图整定方法

比例调节器传递函数：

$$w(s) = \frac{1}{\sigma} \qquad (2\text{-}5)$$

根据式（2-3）可知，比例调节器传递函数只有一个待定参数，就是比例度 σ。

满足指定衰减率 Ψ 的主导复根的位置是唯一的，只要找出根轨迹与指定折线的交点，然后用模值条件即可求出比例调节器的整定参数值 σ。

求取步骤：

a.用调节器 $w(s)$ 中的一个零点($-\frac{1}{T_d}$，j_0)去抵消 $w_0(s)$ 中的一个极点。

b.把减少一个极点后的 $w_0(s)$ 作为被控过程，根据整定比例积分调节器的方法，选择调节器 $w(s)$ 的另一个零点($-\frac{1}{T_r}$，j_0)，并求出调节器 $w(s)$ 的比例度 σ。

c.根据上述步骤求得的 σ、T_I、T_d 值，按式计算调节器的整定参数 σ^*、T_I^*、T_d^* 值。

（3）工程整定方法

工程整定方法包括动态特性参数法、临界比例度法、衰减曲线法、现场实验整定法等，它直接在过程控制系统中进行。工程整定方法简单、计算简便，而且容易掌握，所得参数虽然不一定为最佳，但是实用，能解决一般性问题，所以在工程上得到了广泛应用。

还有一种计算机仿真寻优整定法，是采用最优积分准则来求调节器的整定参数的最优值的方法。

9. 单回路控制系统的投运

单回路控制系统的投运是指当单回路控制系统设计、安装完毕，或者经过停车检修之后，使控制系统投入运行的过程，就是将系统从手动工作状态切换到自动工作状态的过程。

（1）投入运行前的准备工作

在投运控制系统前必须要进行全面细致的检查和准备工作。

投运前，首先应熟悉生产工艺过程，了解主要工艺流程和对控制指标的要求，以及各种工艺参数之间的关系，熟悉控制方案、测量元件、控制阀的位置及管线走向，全面检查过程检测控制仪表，进行仪表联调试验，熟悉紧急情况下的故障处理。

（2）单回路控制系统的投运

单回路控制系统各组成部分的投运次序一般如下。

①检测系统投入运行。温度、压力等检测系统的投运较为简单，可逐个开启仪表。对于采用差压变送器的流量或液位系统，从检测元件的根部开始，逐个缓慢地打开根部阀、截止阀等。

②调节阀手动遥控。把控制器打在手动位置，改变手操器的输出使控制阀处在正常工况下的开度，把被控变量稳定在给定值上。

③控制器投运（手动到自动）。把控制器参数设定为合适的参数，通过手操使给定值与测量值相等（偏差为零）切入自动。

2.1.4　任务思考

1. 说明被控变量的选择方法？其选择原则是什么？
2. 说明操纵变量的选择方法？
3. 在系统的测量变送环节中会遇到什么问题？如何解决？
4. 在选择操纵变量时，控制通道的放大系数和时间常数对其有什么影响？
5. 什么是控制阀的理想流量特性和工作流量特性？
6. 为什么要选择阀的气开、气关形式？
7. 控制阀上安装阀门定位器有什么用途？
8. 执行器在过程控制中起什么作用？常用的电动执行器与气动执行器有何特点？
9. 执行器由哪几部分组成？各部分的作用是什么？
10. 简述电动执行器的构成原理。
11. 确定调节阀的气开、气关作用方式有哪些原则？试举例说明。
12. 直通单、双座调节阀有何特点，适用于哪些场合？
13. 过程控制系统设计和应用的两个重要内容是什么？

任务二　单容水箱液位定值控制系统

2.2.1　任务要求

锅炉液位定值过程控制方案（单容水箱液位定值控制系统），被控量为水箱的液位高度，主要任务是准确保持水箱液位稳定在给定值。分析单容液位控制系统的组成、特点、控制原理；选择设计方法；确定设计步骤；确定控制系统方案；绘制规范的控制系统方框图；选择控制器的控制规律；进行过程控制系统的设计整定；熟悉 WinCC 监控界面；完成液位定值过程控制系统的投运。

2.2.2 相关知识

2.2.2.1 过程参数检测基本概念

过程参数检测是指对连续生产过程中的温度、压力、流量、液位和成分等参数的检测。过程参数检测过程中必然要用到检测仪表，我们将检测元件、变送器及显示装置统称为检测仪表。一般情况下，将检测仪表分为一次仪表和二次仪表两大类。

一次仪表是将被测量转换为便于计量的物理量所使用的仪表，即为检测元件。

二次仪表是将测得的信号变送转换为可计量的标准电气信号并显示的仪表，即包括变送器和显示装置。

2.2.2.2 检测仪表的测量误差

测量过程是利用一个已知的单位量（即标准量）与被测的同类量进行比较的过程。在使用仪表进行测量时，由于仪表本身不够准确，加之观测者的主观性和周围环境的影响等，使得测量结果不可能绝对准确。

由仪表读得的被测值与被测真值之间总是存在一定的差距，这一差距就称为测量误差。它反映了测量结果的可靠程度。

2.2.2.3 测量误差的分类

测量误差有多种表示方法。

（1）绝对误差与相对误差

绝对误差是指测量结果与被测量的真值之差。通常把检定中高一等级的计量标准所测得的量值作为真值（实际值）。

相对误差是指绝对误差与真值或测量值之百分比。常见有如下三种表示方式。

①实际相对误差：是指绝对误差与被测量的真值（实际值）之百分比。

②相对误差：是指绝对误差与仪表示值之百分比。

③引用相对误差：是指绝对误差与仪表的量程之百分比。

（2）系统误差、随机误差和疏忽误差

系统误差是指测量仪表本身或其他原因（如零点没有调整好等）引起的有规律的误差。

随机误差是指在测量中所出现的没有一定规律的误差。

疏忽误差是指观察人员误读或不正确使用仪器与测试方案等人为因素所引起的误差。

（3）基本误差、附加误差和允许误差

基本误差是指仪表在规定的正常工作条件下所具有的误差。

附加误差是指仪表超出规定的正常工作条件时所增加的误差。

允许误差是指仪表的示值或性能不允许超过某个误差范围。

2.2.2.4 电模拟信号制标准

（1）建立信号制的原因

因为实际控制系统中所使用的仪表安装在不同场所，各仪表之间的信号联络必须用统一的联络信号，才能方便地把各个仪表组合起来，而且，通过合理设置仪表参数和各种转换器，将不同系列的仪表连接起来，混合使用，这就是仪表的信号制。

（2）电模拟信号制标准

信号制即信号标准，是指仪表之间采用的传输信号的类型和数值。信号制有多种，有模拟信号、数字信号和频率信号。本节只介绍模拟信号制。目前国际电工委员会将电流信号 4～20mA DC 和电压信号 1～5V DC 确定为过程控制系统电模拟信号的统一标准。(注:我国旧标准为 0～10mA DC 和电压信号 0～1V DC,工业上两种形式都存在)。信号下限从某一确定值开始,即有一个活零点,电气零点与机械零点分开,便于检验信号传输线是否断线及仪表是否断电,并为现场变送器实现两线制提供了可能性。

由于有电流信号和电压信号两种联络方式,因此,其联接方法和适用场合各不相同。

控制系统仪表之间采用 4～20mA DC 直流电流信号传送,现场变送器和控制室仪表之间采用串联连接方式。电流信号传输是一台发送仪表的输出电流同时传输给几台接收仪表,所有这些仪表应当串联。其联接方式见图 2-10 所示,电流信号便于远距离传送,优点是在远距离传输时仍能保证信号的传输精度,此外,对于要求电压输入的仪表,可在电流回路中串入一个电阻,从电阻两端引出电压,供给接收仪表,所以电流信号应用较灵活。电流信号不仅节省电缆、布线方便,而且还便于使用安全栅,有利于安全防爆。

电压信号实现控制室内部仪表间联络,电压信号传输是一台发送仪表的输出电压要同时传输给几台接收仪表时,这些接收仪表应当并接,如图 2-11 所示。在控制室内,各仪表之间的距离不远,适合采用 1～5V DC 直流电压作为仪表之间的互相联络信号;接收仪表并联联接的优点是任何一个仪表拆离信号回路都不会影响其他仪表的运行;各个仪表既然并联在同一信号线上,当信号源负极接地时,各仪表内部电路对地有同样的电位,这不仅解决了接地问题,而且各仪表可以共用一个直流电源。电压信号仪表安装较简单,但不适于远距离传输。事实上,只要遵守信号传输标准,可将仪表联接起来,灵活组成各类过程控制系统。

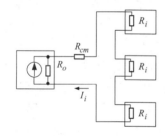

图 2-10　电流信号传输时仪表之间的连接

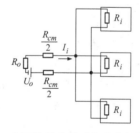

图 2-11　电压信号传输时仪表之间的连接

2.2.2.5　过程控制仪表的分类

过程控制仪表(又称控制器或调节器)的作用是将被控变量的测量值与给定值(设定值)进行比较,然后对比较后得到的偏差进行比例、积分、微分等运算,并将运算结果以一定的信号形式送往执行器,以实现对被控变量的自动控制。

按信号形式分类,过程控制仪表可分为模拟控制仪表和数字控制仪表两大类。其中 DDZ 型仪表和 QDZ 型仪表都属于模拟控制仪表;SLPC 可编程调节器、KMM 可编程调节器、PMK 可编程调节器等都属于数字控制仪表。

2.2.2.6　模拟控制仪表(模拟式控制器)

在模拟式控制器中,所传送的信号形式为连续的模拟信号。由于气动控制器和 DDZ-Ⅱ 型电动控制器在大型企业中已不多见,故只讨论 DDZ-Ⅲ 型电动控制器。

DDZ-Ⅲ 型控制器主要由输入电路、给定电路、PID 运算电路、自动与手动(包括硬手动和软手动两种)切换电路、输出电路及指示电路等组成。

DDZ-Ⅲ型控制器的作用是将变压器送来的 1～5V DC 测量信号与 1～5V DC 给定信号进行比较得到偏差信号，然后再将其偏差信号进行 PID 运算，输出 4～20mA DC 信号，最后通过执行器，实现对过程参数的自动控制。一台 DDZ-Ⅲ型控制器除能实现 PID 运算外，还具有如下功能，以适应生产过程自动控制的需要。

（1）获得偏差并显示其大小

控制器的输入电路接受测量信号和给定信号，两者相减，获得偏差信号，由偏差表或双针指示表显示其大小和正负。

（2）显示控制器的输出

由输出显示表显示控制器输出信号的大小。由控制器的输出信号去控制控制阀的开度，且两者之间有一一对应的关系，所以习惯上将输出显示表称为阀位表。

（3）提供内给定信号并能进行内外给定选择

若给定信号由控制器内部产生，称为内给定。当控制器用于单回路定值控制系统时，给定信号常由控制器内部提供，它的范围与测量值的范围相同。若给定信号来自外部，称为外给定。当控制器作为串级控制系统或比值控制系统中的副控制器使用时，其给定信号来自控制器外部，往往不是恒定值。控制器的给定信号由外部提供还是由内部电路产生，可通过内外给定切换开关来选择。

（4）进行正反/作用选择

如控制器的输入偏差大于零（ε>0）时，对应的输出信号变化量大于零（y>0），称为正作用控制器。如控制器的输入偏差小于零（ε<0）时，对应的输出信号变化量大于零（y>0），称为反作用控制器。根据执行器和生产过程的特性，为了构成一个负反馈控制系统，必须正确地确定控制器的正/反作用，否则整个控制系统无法正常运行。控制器是选择正作用还是反作用，可通过正/反作用切换开关进行选择。

（5）进行手动操作，并具有良好的手动/自动双向切换性能

在自动控制系统中为了增加运行的可靠性和操作的灵活性，往往要求控制器在正常和非正常状态下，方便地进行手动/自动切换，而且在切换过程中要求控制器的输出不因切换而发生变化，使执行机构保持原来的位置，不对控制系统的运行产生扰动，即必须实现无扰动切换。

DDZ-Ⅲ型控制器有自动（A）、软手动（M）和硬手动（H）三种工作状态，并通过联动开关进行切换。

除以上功能外，DDZ-Ⅲ型控制器还具有如下一些特点。

（1）DDZ-Ⅲ型控制器，由于采用了线性集成电路固体组件，不仅提高了控制器的技术指标，降低了功耗，而且扩大了控制器的功能，进一步提高了仪表在长期运行中的稳定性和可靠性。

（2）DDZ-Ⅲ型控制器的品种很多，有基型控制器；有便于构成和计算机连接用的控制器，例如与 DDC 直接数字控制机和 SPC 监督计算机连接用的控制器；有为满足各种复杂控制系统要求的特种控制器，如各间间歇控制器、自选控制器、前馈控制器、非线性控制器等。

（3）DDZ-Ⅲ型控制器中还设有各种附加机构，如偏差报警、输入报警、限制器、隔离器、分离器、报警灯等。

DDZ-Ⅲ型控制器便于组成各种控制系统，达到了模拟控制较完善的程度，充分满足各种生产工艺过程的控制和要求。

2.2.2.7 数字控制仪表（数字式控制器）

数字控制器具有比模拟控制器更丰富的运算控制功能，一台数字控制器既可以实现简单的 PID

控制，也可以实现串级控制、前馈控制、变增益控制和史密斯补偿控制，既可以进行连续控制，也可以进行采样控制、选择控制和批量控制，此外，数字控制器可以对输入信号进行处理，如线性化、数据滤波、标度变换等，还可以进行逻辑运算。通常数字控制器应具备：模-数（A/D）转换、数-模（D/A）转换、一个完成输入信号到输出信号换算的程序。

（1）直接数字控制器

直接数字控制器，也称"DDC 控制器"。通常 DDC 系统的组成包括中央控制设备（集中控制电脑、彩色监视器、键盘、打印机、不间断电源、通讯接口等）、现场 DDC 控制器、通讯网络、以及相应的传感器、执行器、调节阀等元器件。

（2）可编程序调节器（PC）

可编程序调节器实际上就是数字式控制器，为了避免与可编程序控制器（PLC）混淆，使用了一个习惯名称——可编程序调节器。它是以微处理器为控制核心，其控制规律可根据需要由用户自己编程，而且可以随时擦除改写以适应系统的变化。在一台可编程序调节器上，能够实现相当于模拟仪表的各种运算器（加、减、乘、除、开方及逻辑运算）和 PID 控制器的功能，并可进行高、低值选择，同时还配有与上位计算机通信联系的标准接口，能够灵活地适应各种各样的过程控制。该控制器本身还具有自我诊断功能，万一发生故障，可快速查出异常，并显示故障部位，便于排除故障。

（3）可编程序控制器（PLC）

可编程控制器简称 PC，但沿用 PLC 的简称。它经历了可编程矩阵控制器（PMC）、可编程顺序控制器（PSC）、可编程逻辑控制器（PLC）和可编程序控制器（PC）几个不同时期。为与个人计算机（PC）相区别，现在仍然沿用可编程逻辑控制器这个老名字。

可编程序控制器是基于微计算机技术工作的，主要是用于逻辑控制。它的最大特点是通过编程的方式实现控制，并可通过改变软件来改变控制方式和逻辑规律，同时功能丰富、可靠性强，可组成集散系统或纳入局部网络。与微型计算机相比，它的优点是语言简单、编程简便、面向用户、面向现场、使用方便。

目前 PLC 广泛应用于石油、化工、电力、钢铁、机械等各行各业。它除了可用于开关量逻辑控制、机械加工的数字控制、机器人的控制外，也已经广泛应用于连续生产过程的闭环控制。现代大型 PLC 都配有 PID 子程序或 PID 模块，可实现单回路控制与各种复杂控制。

PLC 采用了典型的计算机结构，主要部分包括中央处理器 CPU、存储器和输入、输出接口电路等。其内部采用总线结构，进行数据和指令的传输。

（4）数字调节器

用数字技术和微电子技术实现闭环控制的调节器，又称数字调节仪表，是数字控制器的一种。它接受来自生产过程的测量信号，由内部的数字电路或微处理机作数字处理，按一定调节规律产生输出数字信号或模拟信号驱动执行器，完成对生产过程的闭环控制。

2.2.2.8　检测仪表的性能指标

一台仪表性能的优劣，在工程上可用精确度（简称精度）、变差、灵敏度、分辨率、线性度及响应时间等指标来衡量。我们重点介绍精度这个指标。

仪表的精度是用来表示仪表测量结果的可靠程度。任何测量过程都存在着测量误差，在使用仪表测量生产过程中的工艺变量时，不仅需要知道仪表的指示值，而且还应该了解该仪表的精度。

仪表的精度不仅与绝对误差有关，而且还与仪表的测量范围有关。测量范围是仪表的测量范围上限值与下限值之差，也称为该仪表的量程，所有的变送器都有自己的量程，例如差压变送器，当输出电流为 0mA 时表示量程的最小值，当输出电流为 20mA 时表示量程的最大值。

根据仪表的使用要求，规定一个在正常情况下允许的最大误差，这个允许的最大误差叫允许误差。允许误差一般用相对百分比误差来表示，即某一台仪表的允许误差是指在规定的正常情况下允许的相对百分误差的最大值，即

$$\delta_允 = \pm \frac{仪表允许的最大绝对误差值}{标尺上限值 - 标尺下限值} \times 100\% \qquad (2\text{-}6)$$

仪表的 $\delta_允$ 越小，表示它的精度越高。

仪器仪表的精确度常用精度等级来表示，精度等级是按照国家统一规定的允许误差大小来划分的。仪表的精度等级是将仪表的允许误差的 "±" 号及 "%" 号去掉后的数值，以一定的符号形式标示在仪表的标尺板上，如 1.0 外加一个圆圈或三角形。如果某台仪表的允许误差为 ±1.5%，即仪表总的误差不超过 ±1.5% 范围，则该仪表的精度等级为 1.5 级。

目前我国生产的仪表常用的精度等级有 0.005、0.02、0.05、0.1、0.2、0.4（0.35）、0.5、1.0、1.5、2.5、4.0 等。精确度等级数小，说明仪表的系统误差和随机误差都小，也就是这种仪表精密。

灵敏度表示当被测的量有一个很小的增量时与此增量引起仪表示值增量之比，它反映仪表能够测量的最小被测量。

响应时间是指仪表输入一个阶跃量时，其输出由初始值第一次到达最终稳定值的时间间隔，一般规定以到达稳定值的 95% 时的时间为准。此外，还有重复性、滞环、死区、漂移等性能技术指标。

【例题 2-1】 某测温仪表的测温范围为 200～1000℃，工艺上要求测温误差不能大于 ±5℃，试确定应选仪表的精度等级。

解：工艺上允许的相对百分误差为：

$$\delta_允 = \frac{\pm 5}{1000 - 200} \times 100\% = 0.625\%$$

所选的仪表的相对百分误差不能大于工艺上的，才能保证测温误差不大于 ±5℃，所以所选仪表的精度等级应为 0.5 级，当然仪表的精度等级越高，能使测温误差越小，但为了不增加投资费用，不宜选过高精度的仪表。

2.2.3 任务分析与实施

2.2.3.1 任务分析

锅炉液位定值过程控制方案进行设计时，为了突出液位控制问题、便于分析与实现，对锅炉的工艺流程稍作变动，让水从上部（上一个工序）连续不断地流入锅炉中，并经下部管路送出。

单容水箱液位定值控制系统基于 PCS 现场总线控制，控制系统采用西门子 S7-300 的 PLC 控制，监控软件采用 SIMATIC WinCC，可以电动阀支路单容液位控制系统，使用增压泵、智能电动调节阀、水箱及液位变送器等。也可以变频器支路单容液位控制系统，使用变频器 MICROMASTER 420、上水箱及液位变送器 2、磁力泵等。

2.2.3.2 任务实施

1. 实施目的

（1）了解单容水箱液位定值控制系统的构成和工作原理；

（2）掌握简单液位过程控制系统调节器参数的整定和控制方法；

（3）研究调节器相关参数的变化对系统静、动态性能的影响；

（4）了解 P、PI、PD 和 PID 四种调节器分别对液位控制的作用。

2. 构思设计

（1）设计方案一：电动阀支路单容液位控制系统。

电动阀支路单容液位控制系统，被控量为上水箱 1 的液位高度，要求上水箱 1 的液位稳定在给定值。将液位变送器检测到上水箱 1 的液位信号作为反馈信号，在与给定量比较后的差值通过调节器（S7-300 PLC）进行相应的 PID 运算，由其计算后的信号输出给电动调节阀，然后由电动调节阀控制增压泵供水系统的进水流量，从而达到控制液位恒定的目的。为了实现系统在阶跃给定和阶跃扰动作用下的无静差控制，系统的调节器应为 PI 或 PID 控制。

电动阀支路单容液位控制系统流程图如图 2-12 所示。

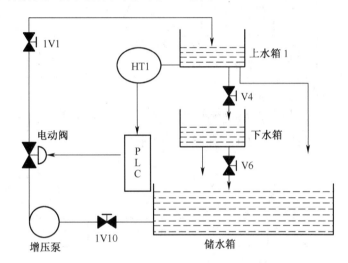

图 2-12　电动阀支路单容液位控制系统流程图

电动阀支路单容液位控制系统方框图如图 2-13 所示。

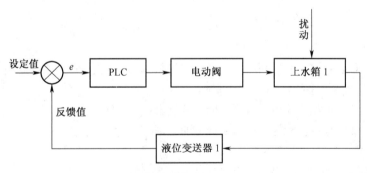

图 2-13　电动阀支路单容液位控制系统方框图

（2）设计方案二：变频器支路单容液位控制系统。

变频器支路单容液位控制系统，被控量为上水箱 2 的液位高度，要求上水箱 2 的液位稳定在给定值。将液位变送器 2 检测到上水箱的液位信号作为反馈信号，在与给定量比较后的差值通过调节器（S7-300 PLC）相应的 PID 运算，由其计算后的信号输出给变频器，然后由变频器控制磁力泵供水系统的进水流量，从而达到控制液位恒定的目的。为了实现系统在阶跃给定和阶跃扰动作用下的无静差控制，系统的调节器应为 PI 或 PID 控制。

变频器支路单容液位控制系统流程图如图 2-14 所示。

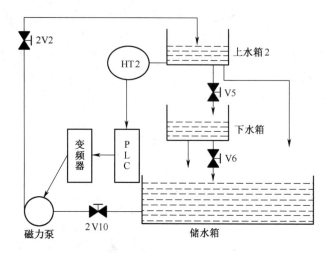

图 2-14　变频器支路单容液位控制系统流程图

变频器支路单容液位控制系统方框图如图 2-15 所示。

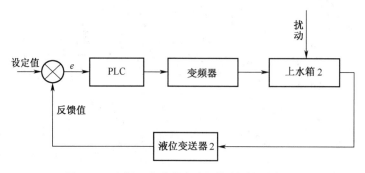

图 2-15　变频器支路单容液位控制系统方框图

3．运行调试

单容水箱液位定值控制系统可以结合过程控制实训系统或 PCS 现场总线过程控制系统或 ZHSK-2 型过程控制实训系统来进行运行调试。

（1）强电连线：单相交流电源接到智能调节仪表挂件电源输入端。

（2）弱电连线：根据过程控制方案所选择的主副被控对象、压力变送器、主副调节仪表、执行器等，完成线路连接。

（3）管路连接：各水箱、锅炉进出口管路连接。

（4）将 ZHSK-2 型过程控制实训系统对象的储水箱注入清水，直至水位达到要求的高度。

（5）管路、阀门、接线检查无误确认后，打开系统总电源开关，打开控制系统对象上的电源和所需的各电源开关。

（6）打开手动阀门至适当开度，打开水泵、电动调节阀、变频器开关。

（7）启动计算机，启动 WinCC 上位机监控组态软件，双击 SIMATIC WinCC Explorer 图标，进入 WinCC 组态运行环境，登录用户，进入监控界面，然后进入液位控制系统画面。

（8）在 WinCC 上位机监控组态监控界面中，控制方式设置为"手动"控制，调出"设定值"，根据设计的控制方案，在监控界面中选定被控变量和设定主对象，在"设定值"栏中输入一个合适的水箱液位设定值。

（9）单击 PID 按钮，根据控制方案所选择的控制规律，选择 PID 控制，设置 PID 三个参数值。

（10）单击"自动控制"按钮，将系统切换到自动控制状态。在"过程曲线"和"历史数据"窗口，可观察过程控制系统的液位变化和过程曲线。

（11）PID 整定方法整定 PID 三个参数（反复调整 PID 三个参数，选择不同的 P、I、D 参数进行整定 P 调节、PI 调节、PID 调节）控制水箱水位，观察水箱液位调节的准确性、稳定性、快速性。

（12）待主被控对象液位稳定于给定值后，将调节器切换到"自动"控制状态，待液位平衡后，分别对被控对象施加阶跃干扰。

可以通过以下方式加入干扰：

①突增（或突减）仪表设定值的大小，使其有一个正（或负）阶跃增量的变化。

②适当改变水箱出水阀的开度。

③将电动调节阀的旁路（同电磁阀）开至适当开度，将电磁阀开关打至"手动"位置。

以上几种干扰均要求扰动量为控制量的 5%～15%，干扰过大可能造成水箱中水溢出或系统不稳定。加入干扰后，水箱的液位便离开原平衡状态，经过一段调节时间后，水箱液位稳定至新的设定值，观察液位控制的响应过程，记录此时的智能仪表的设定值、输出值和仪表参数，以及液位的响应过程曲线，分析不同 PID 参数的控制效果。

（13）总结不同 PID 参数时控制系统的调节过程、控制性能、控制规律，寻找最佳控制调节方法及参数，得出结论。

2.2.4　任务思考

1．单容水箱液位定值控制系统的结构框图。

2．确定调节器的相关参数，写出整定过程。

3．控制系统在阶跃扰动作用下的静、动态性能。

4．引起双容对象滞后的因素主要有哪些？

5．某台测温仪表的量程为 200℃～700℃，该表的最大绝对误差为+4℃，试确定该仪表的精度等级。

6．某台测温仪表的量程为 200℃～700℃，工艺要求该仪表的指示值的误差不得超过±4℃，试问该仪表的精度等级为多少时才能满足工艺要求？

7．什么是信号制？控制系统仪表之间采用何种连接方式最佳？为什么？

8．在模拟控制器中，一般采用什么方式实现各种控制规律？

9．试述 DDZ-Ⅲ型控制器的功能。

10．何谓零点迁移？为什么要进行零点迁移？零点迁移有几种？

任务三 双容水箱液位定值控制系统

2.3.1 任务要求

双容水箱液位定值控制系统，被控量为下水箱的液位高度，主要任务是准确保持下水箱液位稳定在给定值。分析双容液位控制系统的组成、特点、控制原理；确定双容液位过程控制系统方案；绘制规范的双容液位过程控制系统方框图；选择控制器的控制规律；进行双容液位过程控制系统的设计整定；WinCC 监控界面；完成双容液位定值过程控制系统的投运。

2.3.2 相关知识

2.3.2.1 变送器

（1）变送器的测量原理

变送器的构成原理如图 2-16 所示。主要由测量部分（即输入转换部分）、放大器和反馈部分组成。测量部分的作用是检测工艺变量 x，并把变量 x 转换成电压、电流、位移、作用力或力矩等物理量，作为放大器的输入信号 z_i。反馈部分则把变送器的输出信号 y 转换成反馈信号 z_f，输入信号 z_i 与调零信号 z_0 的代数和同反馈信号进行比较，其差值 ε 送给放大器进行放大，并转换成标准的电压或直流电流输出信号 y。

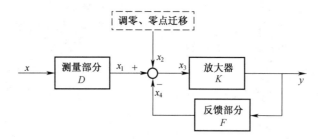

图 2-16 变送器的构成原理

根据负反馈放大器原理，由图 2-16 可以求得整个变送器输出与输入关系为

$$Y = \frac{K}{1+KF}(Dx + z_0) \tag{2-7}$$

式中，D——测量部分的转换系数；K——放大器放大系数；F——反馈部分的反馈系数。

当放大器的放大系数足够大，且满足 $KF \gg 1$ 时，上式变为

$$Y = \frac{1}{F}(Dx + z_0) \tag{2-8}$$

由（2-8）式可知，在满足 $KF \gg 1$ 的条件下，变送器的输出与输入之间的关系仅取决于测量部分和反馈部分的特性，而与放大器的特性几乎无关。

变送器的量程确定后，其测量部分转换系数 D 和反馈系数 F 都是常数，因此变送器的输出与输入关系为线性关系，可用图 2-17 表示。图中 X_{max}、X_{min} 分别为变送器测量范围的上限值和下限值（图中 $X_{min}=0$）；y_{max}、y_{min} 分别为输出信号上限值和下限值。

为了将信号变换成统一的标准信号，在使用前必须对变送器进行调校，其主要内容有变送器的

量程调整、零点调整和零点迁移。

（2）量程调整

量程调整的目的是使变送器的输出信号的上限值 y_{max} 与测量范围的上限值 x_{max} 相对应。

图 2-18 为变送器量程调整前后的输入输出特性。由图可见，量程调整相当于改变输入输出特性曲线的斜率，也就是改变变送器输出信号 y 与输入信号 x 之间的比例系数。

量程调整的方法，通常是改变反馈部分的反馈系数 F。F 越大，量程就越大；F 越小，量程就越小。有些变送器还可以用改变测量转换部分的转换系数 D 来调整量程。

（3）零点调整和零点迁移

零点调整和零点迁移的目的，是使变送器输出信号的下限值 y_{min} 与测量信号的下限值 x_{min} 相对应。在实际工程测量中，常常需要将测量的起始点迁移到某一数值（正值或负值），即所谓的零点迁移。在未加迁移时，测量起始点为零；当测量的起始点由零变为某一正值，称为正迁移；反之，当测量起始点由零变为某一负值，称为负迁移。

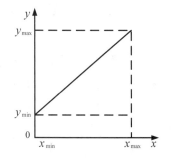

图 2-17　变送器的输入输出关系　　　图 2-18　变送器量程调整前后的输入输出特性图

图 2-19 为变送器零点迁移前后的输入输出特性。由图 2-20 可见，零点迁移后，变送器的输入输出特性曲线沿 x 坐标向右或向左平移了一段距离，其斜率并没有改变，即变送器的量程不变。若采用零点迁移后，再辅以量程调整，可以提高仪表的测量精度和灵敏度。通常，经过调整后使 $x_{min}=0$ 为零点调整；而 $x_{min} \neq 0$ 时，为零点迁移调整。

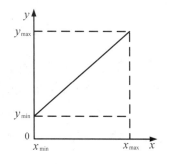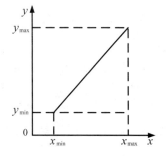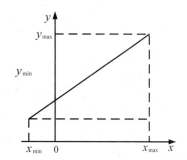

图 2-19　变送器零点迁移前后的输入输出特性图

实现零点调整和零点迁移的方法，是在负反馈放大器的输入端加上一个零点调整信号 z_0，当 z_0 为负值时可实现正迁移；而当 z_0 为正值时则可实现负迁移。

2.3.2.2 常用液位检测仪表

在容器中液体介质的高低叫做液位，测量液位的仪表叫液位计，液位计为物位仪表的一种。

测量液位的仪表种类很多，按其工作原理主要有以下几种。

（1）直读式液位计

直读式液位计是根据流体力学的连通性原理来测量液位的，这类仪表主要有玻璃管液位计、玻璃板液位计等。

（2）电磁式液位变送器

电磁式液位变送器可分为电阻式（即电极式）、电容式和电感式等。

以电容式变送器为例来介绍，变送器的基本组成可用方框图 2-20 表示，它分成测量部件和转换放大电路两部分。输入差压 $\triangle p_i$ 作用于测量部件的感压膜片，使其产生位移，从而使感压膜片（即可动电极）与两固定电极所组成的差动电容器之电容量发生变化。此电容变化量由电容-电流转换电路转换成直流电流信号，电流信号与调零信号的代数和同反馈信号进行比较，其差值送入放大电路，经放大得到整机的输出电流 I_y。

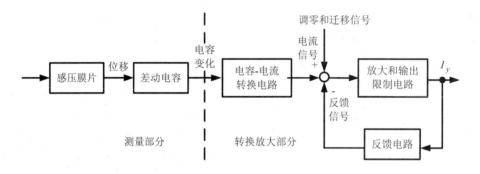

图 2-20　电容变送器的组成方框图

电容式液位计的测量原理，是在平行板电容器之间充以不同非导电介质时，其电容量的大小是不同的，两电容极板之间的电容差由电子部件转换成 4～20mA DC 的二线制输出的电信号。因此，可通过测量电容量的变化来测量物位（包括液位、料位或两种不同介质的液位分界面）。

（3）差压式液位变送器

差压式液位变送器是根据液柱或物料堆积对某定点产生压力的原理工作的，这类仪表又可分为静压式和差压式两类。

静压式液位计，又称为投入式液位计或液位变送器或液位传感器，是一种测量液位的压力传感器，根据所测液体静压与该液体的高度成比例的原理，测出液体的静压力，即可知道液位高度。HAKK-500 静压投入式液位变送器（液位计）采用国外先进的隔离型扩散硅敏感元件或陶瓷电容压力敏感传感器，将静压转换为电信号，再经过温度补偿和线性修正，转化成标准电信号，一般为 4～20mA/1～5V DC。

差压式液位变送器是利用容器内的液位改变时，由液柱产生的静压也相应变化的原理工作的。通常被测介质的密度是已知的，差压变送器测得的差压与液位高度成正比，这样就把测量液位高度转换为测量差压的问题。当被测容器是敞口的，气相压力为大气压时，只需将差压变送器的负压室通大气即可。若不需要远传信号，也可以在容器底部安装压力表，根据压力 p 与液位 H 成正比的关系，可直接在压力表上按液位进行刻度。

测量具有腐蚀性或含有结晶颗粒以及粘度大、易凝固等液体的液位时，为避免引压管线被腐蚀、被堵塞，应使用法兰式差压变送器。作为敏感元件的测量头（金属膜盒）经毛细管与变送器的测量室相通。在膜盒、毛细管和测量室所组成的封闭系统内充有硅油作为传压介质，并使被测介质不进入毛细管与变送器，以免堵塞。法兰式差压变送器按其结构形式又分为单法兰和双法兰式两种，单法兰式只在正压室的导压管入口处加装有隔离膜盒，负压室直接与大气相通，用于测量敞口容器的液位。

（4）浮力式液位变送器

浮力式液位计可分为浮子式、浮球式和沉桶式等。它是利用浮子的高度随液位变化而变化，或液体对沉浸于液体中的浮子或沉桶的浮力随液位高度而变化的原理工作的。

磁浮球式液位计在整个测量过程中浮力维持不变，在工作时浮标随液位面高低而变化。磁浮球液位计具有结构简单、使用方便、性能稳定、使用寿命长、便于安装维护等优点。磁浮球液位计广泛应用于石油加工、食品加工、化工、水处理、制药、电力、造纸、冶金、船舶和锅炉等领域中的液位测量。例如 UHZ-27 型顶装浮球液位计，可配置远传液位变送器，用以实现液位信号远传的数/模显示。

变浮力式液位计是根据浮筒在液体内浸没的深度不同而所受浮力不同来测量液位，如沉筒式液位计。

内浮式双腔液位计（粘稠介质液位计）是一种针对高粘稠介质而研发的专用液位测量仪表。该产品是在磁浮子液位计的基础上进行的技术升级，完全克服磁浮子液位计对粘稠介质长期以来测量不准确、腔体内部的液体与浮子粘附、维护困难等诸多弊病。

内浮式磁性液位计是一种双腔液位计，被测介质与磁性面板端的腔体隔离，容器端腔体内部与浮子经过特殊处理后，确保了浮子跟随液位的变化线性地传递给磁性面板，并清晰准确地指示出液位的高度。它能现场显示，兼顾报警控制和输出远传信号，是一机多能的液位测量仪表，是测量粘稠介质最佳的液位测量仪表。

（5）激光式液位计

激光式液位计利用液位对光波的遮断和放射原理工作。激光式液位计的优点是：激光光能集中，强度高，而且不易受外来光线干扰，甚至在 15000℃ 左右的高温下也能正常工作。另外，激光光束扩散很小，在定点控制液位时，具有较高的精度。

（6）磁翻板式液位计

UHZ-45 高温高压磁翻板液位计适用于高温高压液体容器的液位、界位的测量和控制。磁翻板式液位计采用独特散热方式，有效控制仪表工作温度，避免磁性元件在高温条件下退磁，可测量高温 450℃，高压 25MPa，满足电力、供热、供气等行业的要求。具有设计合理、结构简单、工作可靠、使用寿命长、便于安装维护等优点。

用户根据工程需要，配合远传变送器使用，可实现就地数字显示，以及输出 4～20mA 的标准远传电信号，以配合记录仪表或工业过程控制的需要。也可以配合磁性控制开关或接近开关等使用，对液位监控报警或进液出液设备进行控制。

2.3.2.3　液位检测仪表的选用

液位计正确选型才能保证液位计更好地使用。选用什么种类的液位计应根据被测流体介质的物理性质和化学性质来决定，使液位计的通径、流量范围、衬里材料、电极材料和输出电流等都能适应被测流体的性质和流量测量的要求。

液位检测仪表的选用主要考虑以下几个方面。

（1）仪表类型一般情况下，液位的测量均宜选择差压式测量方法。对于高黏度、易结晶、易气化、易冻结、强腐蚀的介质，应选用法兰式差压变送器。其中，对特别易结晶的介质，应采用插入式法兰差压变送器。在选用差压变送器的同时，还应选出辅助装置，如测量锅炉汽鼓液位时，应设置具有温度补偿性能的双室平衡容器；对气相导压针可能分离或冷凝出液体介质时，应设置平衡容器、冷凝器或隔离容器等。对于高温、高压、强腐蚀、钻度大、有毒等介质的测量，如熔融玻璃、熔融铁液、水银渣、高炉料位、矿石、橡胶粉、焦渣等，可以采用放射性物位计；对粉末固体料位的测量，可选用带指示、累积式二次仪表的重锤探测料位计。

（2）检测精度

精度等级和功能根据测量要求和使用场合选择仪表精度等级，做到经济合算。例如用于贸易结算、产品交接和能源计量的场合，应该选用精度等级高些，如 1.0 级、0.5 级，或者更高等级；用于过程控制的场合，根据控制要求选择不同精度等级；有些仅仅是检测一下过程流量，无需做精确控制和计量的场合，可以选择精度等级稍低的，如 1.5 级、2.5 级，甚至 4.0 级，这时可以选用价格低廉的插入式液位计。

（3）刻度选择

在选择刻度时，最高液位或上限报警点为最大刻度的 90%；正常液位为最大刻度的 50%；最低液位或下限报警点为最大刻度的 10%。

（4）测量范围

如果测量范围较大，如测量范围在两米以上的一般介质，可选用差压式液位计。

（5）工作条件。对于测量高温、高压、低温、高黏度、腐蚀性强的特殊介质，或用其他方法难以检测的某些特殊场合，可以选用电容式液位计。但是，这种物位计不适用于易黏附电极的黏稠介质及介电常数变化大的介质，对于一般情况，可以选用其他液位计。

在具体选用液位检测仪表时，一般还应考虑其他因素：容器条件（形状、大小）、测量范围、现场安装条件（安装位置、周围有无振动、冲击等）、安全性（防火防爆等）、信号输出方式（现场显示或远距离显示、变送或控制）等问题。

2.3.2.4 液位检测仪表的维护

为了使液位变送器的测量更加准确，在使用液位变送器时，应做到以下事项。

（1）液位变送器上的电压不能高于 36V，否则会导致变送器损坏；

（2）液位变送器的膜片不能用硬物碰触，否则会导致隔离膜片损坏；

（3）液位变送器测量的介质不允许结冰，否则将损伤液位变送器元件隔离膜片，导致变送器损坏，必要时需对变送器进行温度保护，以防结冰；

（4）在测量蒸汽或其他高温介质时，其温度不应超过液位变送器使用时的极限温度，高于液位变送器使用的极限温度必须使用散热装置；

（5）测量蒸汽或其他高温介质时，应使用散热管，使液位变送器和管道连在一起，并使用管道上的压力传至变压器。当被测介质为水蒸气时，散热管中要注入适量的水，以防过热蒸汽直接与液位变送器接触，损坏变送器；

（6）在压力传输过程中，液位变送器与散热管连接处，切勿漏气；管路中必须保持畅通，开阀门应该缓慢，以免被测介质或管道中沉积物直接冲击液位变送器膜片，损坏变送器膜片。

2.3.3　任务分析与实施

2.3.3.1　任务分析

上下水箱双容液位控制系统基于 PCS 现场总线控制,控制系统采用西门子 S7-300 的 PLC 控制,监控软件采用 SIMATIC WinCC,可以电动阀支路双容液位控制系统, 使用增压泵、智能电动调节阀、水箱、下水箱及液位变送器 1、3 等。也可以变频器支路双容液位控制系统, 使用变频器 MICROMASTER 420、上水箱、下水箱及液位变送器 1、3、磁力泵等。

2.3.3.2　任务实施

1. 实施目的

（1）了解液位过程控制系统的构成和工作原理;

（2）掌握液位过程控制系统调节器参数的整定和控制方法;

（3）了解调节器相关参数的变化对系统静、动态性能的影响;

（4）掌握 P、PI、PD 和 PID 四种调节器分别对液位控制的作用。

2. 构思设计

（1）设计方案一：电动阀支路水箱双容液位定值控制系统。

电动阀支路上下水箱双容液位控制系统,被控量为下水箱的液位高度,要求下水箱的液位稳定在给定值。将液位传感器检测到下水箱的液位信号作为反馈信号,在与给定量比较后的差值通过调节器（S7-300 PLC）相应的 PID 运算,由其计算后的信号输出给电动阀,然后由电动阀控制磁力泵出水流量,控制上水箱液位,再控制下水箱液位,从而达到控制设定液位的目的。当下水箱液位平衡时,上水箱液位也达到平衡。为了实现系统在阶跃给定和阶跃扰动作用下的无静差控制,系统的调节器应为 PI 或 PID 控制。

电动阀支路水箱双容液位定值控制系统流程图如图 2-21 所示。

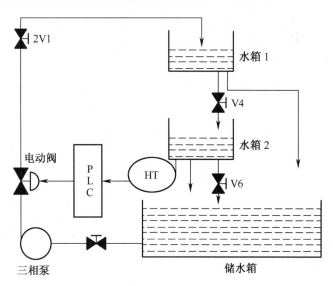

图 2-21　电动阀支路水箱双容液位定值控制系统流程图

电动阀支路上下水箱双容液位控制系统方框图如图 2-22 所示。

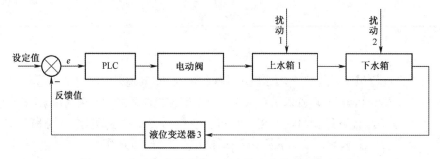

图 2-22　电动阀支路水箱双容液位定值控制系统方框图

（2）设计方案二：变频器支路双容液位控制系统。

变频器支路上下水箱双容液位控制系统，被控量为下水箱的液位高度，要求下水箱的液位稳定在给定值。将液位传感器检测到下水箱的液位信号作为反馈信号，在与给定量比较后的差值通过调节器（S7-300 PLC）相应的 PID 运算，由其计算后的信号输出给变频器，然后由变频器控制磁力泵出水流量，控制上水箱液位，再控制下水箱液位，从而达到控制设定液位的目的。当下水箱液位平衡时，上水箱液位也达到平衡。为了实现系统在阶跃给定和阶跃扰动作用下的无静差控制，系统的调节器应为 PI 或 PID 控制。

变频器支路上下水箱双容液位控制系统流程图如图 2-23 所示。

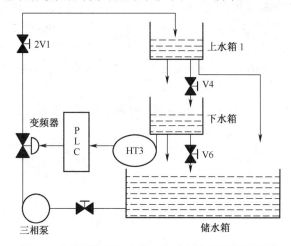

图 2-23　变频器支路水箱双容液位控制系统流程图

变频器支路上下水箱双容液位控制系统方框图如图 2-24 所示。

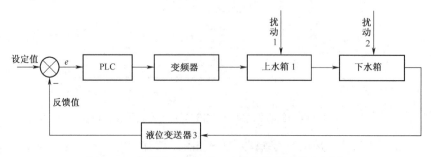

图 2-24　变频器支路水箱双容液位控制系统方框图

3．运行调试

双容水箱液位定值控制系统可以结合过程控制实训系统或 PCS 现场总线过程控制系统或 ZHSK-2 型过程控制实训系统来进行运行调试。

（1）强电连线：单相交流电源接到智能调节仪表挂件电源输入端。

（2）弱电连线：根据过程控制方案所选择的主副被控对象、压力变送器、主副调节仪表、执行器等，完成线路连接。

（3）管路连接：各水箱、锅炉进出口管路连接。

（4）将 ZHSK-2 型过程控制实训系统对象的储水箱注入清水，直至水位达到要求的高度。

（5）管路、阀门、接线检查无误确认后，打开系统总电源开关，打开控制系统对象上的电源和所需的各电源开关。

（6）打开手动阀门至适当开度，打开水泵、电动调节阀、变频器开关。

（7）启动计算机，启动 WinCC 上位机监控组态软件，双击 SIMATIC WinCC Explorer 图标，进入 WinCC 组态运行环境，登录用户，进入监控界面，然后进入液位控制系统画面。

（8）在 WinCC 上位机监控组态监控界面中，控制方式设置为"手动"控制，调出"设定值"，根据设计的控制方案，在监控界面中选定被控变量和设定主对象，在"设定值"栏中输入一个合适的水箱液位设定值。

（9）单击 PID 按钮，根据控制方案所选择的控制规律，选择 PID 控制，设置 PID 三个参数值。

（10）单击"自动控制"，将系统切换到自动控制状态。在"过程曲线"和"历史数据"窗口，可观察过程控制系统的液位变化和过程曲线。

（11）PID 整定方法整定 PID 三个参数（反复调整 PID 三个参数，选择不同的 P、I、D 参数进行整定 P 调节、PI 调节、PID 调节）控制水箱水位，观察水箱液位调节的准确性、稳定性、快速性。

（12）待主被控对象液位稳定于给定值后，将调节器切换到"自动"控制状态，待液位平衡后，分别对被控对象施加阶跃干扰。

可以通过以下方式加入干扰：

①突增（或突减）仪表设定值的大小，使其有一个正（或负）阶跃增量的变化。

②适当改变水箱出水阀的开度。

③将电动调节阀的旁路（同电磁阀）开至适当开度，将电磁阀开关打至"手动"位置。

以上几种干扰均要求扰动量为控制量的 5%～15%，干扰过大可能造成水箱中水溢出或系统不稳定。加入干扰后，水箱的液位便离开原平衡状态，经过一段调节时间后，水箱液位稳定至新的设定值，观察液位控制的响应过程，记录此时的智能仪表的设定值、输出值和仪表参数，以及液位的响应过程曲线，分析不同 PID 参数的控制效果。

（13）总结不同 PID 参数时控制系统的调节过程、控制性能、控制规律，寻找最佳控制调节方法及参数，得出结论。

2.3.4　任务思考

1．变频器支路双容水箱液位定值控制系统的结构框图。

2．比较单容控制与双容控制区别和控制的难易度。

3．控制系统在阶跃扰动作用下的静、动态性能。

4．比较不同 PID 参数对系统性能产生的影响。

任务四　流量过程控制系统

2.4.1　任务要求

流量过程控制方案，被控量为水路管道中的流量值，主要任务是准确保持水路管道中的流量值稳定在给定值。分析流量过程控制系统的组成、特点、控制原理；选择设计方法；确定设计步骤；确定控制系统方案；绘制规范的控制系统方框图；选择控制器的控制规律；进行过程控制系统的设计整定；WinCC 监控界面；完成流量过程控制系统的投运。

2.4.2　相关知识

2.4.2.1　有关流量的概述

流量是指单位时间内流过管道某一截面的流体的体积，即瞬时流量。

一般流量有三种表示方法：体积流量、重量流量和质量流量。

体积流量 Q 是指单位时间内通过管道某一截面的物料体积，单位用 m^3/h 表示。

重量流量 G 是指单位的间内通过管道某一截面物料的重量，单位用 kgf/h 表示。

质量流量 M 是指单位时间内通过管道某一截面物料的质量，单位用 kg/h 表示。

体积流量、重量流量和质量流量三者之间的关系为

$$G = \gamma Q = \rho g Q = gM \tag{2-9}$$

2.4.2.2　流量测量仪表的分类

测量流量的方法很多，其测量原理和所用的仪表结构形式各不相同，一般可分为三大类。

1．速度式流量计

速度式流量计是以测量流体在管道内的流速作为测量依据来计算流量的。例如差压式流量计、转子流量计、电磁流量计、涡轮流量计、堰式流量计等。

2．容积式流量计

容积式流量计是以单位时间内所排出的流体的固定容积的数目作为测量依据来计算流量的。例如椭圆齿轮流量计、腰轮流量计、活塞式流量计等。

3．质量流量计

质量流量计是以测量流体流过的质量 M 为依据的。质量流量计分为直接式和间接式两种。直接式质量流量计直接测量质量流量，例如量热式、角动量式、陀螺式和科里奥利力式等质量流量计。间接式质量流量计是用密度与容积流量经过运算求得质量流量的。质量流量计的测量精度不受流体的温度、压力、粘度等变化影响，是一种发展中的流量测量仪表。

2.4.2.3　差压式流量计

1．测量原理及组成

差压式（也称节流式）流量计是基于流体流动的节流原理，利用流体流经节流装置时产生的压力差而实现流量测量的。差压式流量计通常是由能将被测流量转换成压差信号的节流装置和能将此压差转换成对应的流量值显示出来的差压计组成。

2. 节流现象

流体在有节流装置的管道中流动时，在节流装置前后的管壁处，流体的静压力产生差异的现象称为节流现象。当节流装置形状一定，取压点位置也一定时，根据测得的压差就可以求出流量。

节流装置包括节流件和取压装置。节流件是能使管道中的流体产生局部收缩的元件，应用最广泛的是孔板，此外还有喷嘴、文丘里管等。取压装置应用最广泛的是角接取压（包括环室取压和单独钻孔取压两种），此外还有法兰取压、径距取压和理论取压等方法。我国规定的标准节流件为标准孔板和标准喷嘴，取压方式为角接取压、法兰取压和径距取压。

3. 差压式流量计的使用要求

差压式流量计的应用非常广泛，但在现场实际应用时，往往具有较大的测量误差。因此，必须引起注意的是：不仅需要合理的选型、准确的设计计算和加工制造，更要注意正确的安装、维护和符合使用条件等，才能保证差压式流量计有足够的实际测量精度。

节流装置的使用有以下要求。

（1）必须注意被测流体工作状态的变动。如果实际使用时被测流体的工作状态（温度、压力、湿度等）以及相应的流体密度、粘度、雷诺数等参数数值与设计计算时有所变动，则必须按新的工艺条件重新进行设计计算，或将所测的数值加以必要的修正。

（2）节流装置必须正确安装。按照国标要求，节流装置前后应有一定长度的直管段，流体流向要正确，管道里要全部充满流体，流体必须是单向的等。在使用中要保持节流装置的清洁。

（3）导压管应根据国标正确安装，防止堵塞与渗漏。

（4）节流装置因长期使用而被冲击、腐蚀可能造成几何形状和尺寸的变化，导致测量值变小。因此应注意检查、维护，必要时应换用新的节流件。

（5）应正确安装和使用差压计，以免引起测量误差。

2.4.2.4　转子流量计

1. 测量原理及组成

转子流量计基本是由两个部分组成，一个是由下往上逐渐扩大的锥形管（通常是由玻璃制成的，锥度为 $40'\sim3°$）；另一个是放在锥形管内可自由运动的转子。工作时，流体自下往上流动，作用于转子上一个向上的力，使转子浮起。流量越大，向上的力越大，转子上升越高，转子与管壁间的环隙越大，通过环隙的流体的流速越小，作用在转子上的力反而变小。当流体作用在转子上的力与转子在流体中的重力相等，即处于力平衡时，转子就稳定在一个高度上。这样，转子在锥形管中的平衡位置的高低与被测介质的流量大小相对应。如果在锥形管外沿其高度刻上对应的流量值，则根据转子平衡位置的高低就可以直接读出流量的大小，这就是转子流量计测量流量的基本原理。

转子流量计采用恒压降、变节流面积的测量方法，即以压降不变，利用节流面积的变化来测量流量的大小。

转子流量计按结构形式分为指示型和远传型两种。指示型用于就地指示；远传型可以将反映流量大小的转子高度转换为电信号进行远传，以显示或记录。

2. 转子流量计的指示值修正

转子流量计是一种非标准化仪表，在大多数情况下，可按照实际被测介质进行刻度。但仪表厂为了便于成批生产，是在工业基准状态（20℃，0.10133MPa）下用水或空气进行刻度的。所以在实际使用时，如果工作介质的密度和工作状态不同，必须对流量值按照实际被测介质的密度、温度、压力等参数的具体情况进行修正。

2.4.2.5　椭圆齿轮流量计

椭圆齿轮流量计属于容式流量计的一种。它对被测流体的粘度变化不敏感，特别适合于测量高粘度的流体（例如重油、聚乙烯醇、树脂等），甚至糊状物的流量。

1.　工作原理及组成

椭圆齿轮流量计的测量部分是由两个相互啮合的椭圆形齿轮 A 和 B、轴及壳体组成。椭圆齿轮与壳体之间形成半月形测量室。

当流体流过椭圆齿轮流量计时，由于要克服阻力将会引起压力损失，从而使进口侧压力 p_1 大于出口侧压力 p_2。在此压力差的作用下，产生作用力矩使椭圆齿轮连续转动，每转动一周排出四个半月形容积的被测介质。故只要测出椭圆齿轮的转速 n，再配以一定的传动机构及积算机构，就可记录或指示被测介质的总量。

2.　使用特点

由于椭圆齿轮流量计是基于容积式测量原理的，与流体的粘度等性质无关，因此特别适用于高粘度介质的流量测量，且测量精度较高，压力损失较小，安装使用也较方便。但在使用时要特别注意被测介质不能含有固体颗粒，更不能夹杂机械物，否则会引起齿轮磨损以至损坏。为此，椭圆齿轮流量计的入口端必须加装过滤器。另外，椭圆齿轮流量计的使用温度有一定的范围，温度过高就使齿轮有卡死的可能。

2.4.2.6　涡轮流量计

1.　测量原理及组成

在流体流动的管道内，安装一个可以自由转动的叶轮，当流体通过叶轮时，流体的动能使叶轮旋转。流体的流速越高，动能就越大，叶轮转速也越高。在规定的流量范围和一定的流体粘度下，转速与流速成线性关系。因此，测出叶轮的转速或转数，就可确定流过管道的流量或总量。涡轮流量计就是利用这一原理进行流量测量的。涡轮是用高导磁系数的不锈钢材料制成，叶轮芯上装有螺旋形叶片，流体作用于叶片上使之转动。导流器是用于稳定流体的流向和支撑叶轮的。磁电感应转换器是由线圈和磁钢组成，用以将叶轮的转速转换成相应的电信号，以供给前置放大器进行放大。整个涡轮流量计安装在外壳上，外壳是由非导磁的不锈钢制成，两端与流体管道相连接。

2.　使用特点

优点是安装方便，磁电感应转换器与叶片间不需密封，无齿轮传动机构，因而测量精度高，可耐高压，静压可达 50MPa；反应快，可测脉动流量；输出信号为电频率信号，便于远传，不受干扰。

缺点是涡轮容易磨损，被测介质不能带有机械杂质，否则会影响测量精度和损坏机件。因此，一般应加装过滤器。安装时必须保证前后有一定的直管段，以使流向比较稳定。一般入口直管段的长度取管道内径的 10 倍以上，出口取 5 倍以上。

2.4.2.7　电磁流量计

1.　测量原理与组成

电磁流量计是利用电磁感应原理来测量具有导电性的液体介质（如酸、碱、盐溶液以及含有固体颗粒或纤维液体等）的流量。

电磁流量计通常由变送器和转换器两部分组成。被测介质的流量经变送器转换成感应电势后，再经转换器把电势信号转换成统一标准信号输出，以便进行指示、记录或与电动单元组合仪表配套使用。

电磁流量计变送部分在一段用非导磁材料制成的管道外面安装有一对磁极 N 和 S,用以产生磁场。根据发电机原理,当导电液体流经管道时,因切割磁力线而产生感应电势。此感应电势由与磁力线成垂直方向的两个电极引出。当磁感应强度不变,管道直径一定时,则感应电势的大小仅与流体的流速有关,而与其他因素无关。将这个感应电势经过放大、转换,传送给显示仪表,就能在显示仪表上读出流量来。

2. 使用特点

电磁流量计的测量导管内无可动部件或突出于管内的部件,因而压力损失很小。在采取防腐衬里的条件下,可用来测量各种腐蚀性液体的流量,也可测量含有颗粒悬浮物等液体的流量。此外,其输出信号与流量之间的关系不受液体的物理性质(例如温度、压力、粘度等)变化和流动状态的影响。对流量变化反应速度快,故可用来测量脉动流量。

电磁流量计只能用来测量导电液体的流量,不能测量气体、蒸汽及石油制品等的流量。由于液体中所感应出的电势很小,需要引入高倍放大器,因此易受外界电磁场干扰的影响,使用不当会大大影响仪表的精度。在使用时要注意维护,防止电极与管道间绝缘的破坏,安装时要远离一切磁源(例如大功率电机、变压器等),不能有振动。

2.4.2.8　漩涡流量计

漩涡流量计又称涡街流量计,它可以用来测量各种管道中的液体、气体和蒸汽的流量,目前在油田应用较广。

漩涡流量计的特点是测量精度高、测量范围宽、无运动部件、无机械磨损、维护方便、压力损失小,节能效果明显。

漩涡流量计是利用有规则的漩涡剥离现象来测量流体流量的仪表。在流体中垂直插入一个非流线形的柱状物(圆柱或三角柱)作为漩涡发生体。当雷诺数达到一定的数值时,会在柱状物的下游产生的两列平行并且上下交替出现的漩涡,称为"涡街"(或卡曼涡街)。当两列漩涡之间的距离 h 和同列的两漩涡之间的距离 L 之比能满足 $h/L=0.281$ 时,则所产生的涡街是稳定的。

2.4.2.9　流体输送设备的控制

流体输送设备自动控制的主要目的有两个,一是为保证工艺流程所要求的流量和压力,二是为确保机泵本身的安全运转。

1. 离心泵的控制

(1) 工作特性

①机械特性:对于一个离心泵,其压头 H 和流量 Q 及转速 n 之间的关系,称为泵的机械特性,用经验公式表示则为:

$$H = K_1 n^2 - K_2 Q^2 \qquad (2\text{-}10)$$

式中,K_1,K_2 ——比例系数。

②管路特性

泵的出口压力必须与以下各项压头及阻力相平衡:a.管路两端静压差相应的压头 h_p。b.将液体提升一定高度所需的压头 h_1,即升扬高度。c.管路摩擦损耗压头 h_f。它与流量平方值近乎成比例。d.控制阀两端压头 h_v。在阀门的开度一定下,也与流量的平方值成正比,同时还取决于阀门的开启度。

管路特性如图 2-25 所示,其中

$$h_L = h_p + h_1 + h_f + h_v \qquad (2\text{-}11)$$

改变泵的流量，可通过改变泵的转速或改变管路阻力。

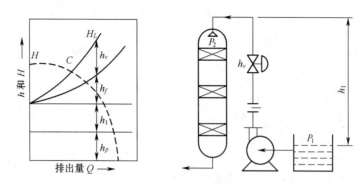

图 2-25　管路特性

（2）离心泵的控制方案

离心泵的控制方案一般包括改变转速的控制方案、改变管路特性的控制方案和改变旁路流量的控制方案。

2. 往复泵的控制

往复泵提供的理论流量可按下式计算：

$$Q = 60n\,FS\;(\mathrm{m^3/h}) \tag{2-12}$$

式中，Q——理论流量，单位 $\mathrm{m^3/h}$；n——每分钟的往复次数；F——汽缸的截面积，单位 $\mathrm{m^2}$；S——活塞冲程，单位 m。

由计算公式可以看出，从泵体角度来说，影响往复泵出口流量变化的仅有 n、F、S 等三个参数，通过改变这三个参数来控制流量，泵的排出流量几乎与压头无关，因此不能在出口管线上安装控制阀控制流量，否则，一旦阀门关闭，泵容易损坏。经常采用的流量控制方案有改变回流量、改变原动力机的转速和改变往复泵的冲程三种。

3. 离心式压缩机的防喘振控制

（1）离心式压缩机特性曲线与喘振

离心式压缩机的特性曲线是指压缩机的出口压力与入口压力之比（或称压缩比）与进口体积流量之间的关系曲线，即 $P_2/P_1 \sim Q$ 的关系，其中压缩比是指绝对压力之比。特性曲线如图 2-26 所示，图中虚线的左侧是不稳定区，称为喘振（或飞动）区，在虚线的右侧则为正常运行区。

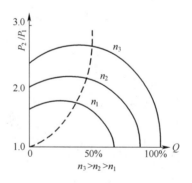

图 2-26　离心式压缩机特性曲线

如图 2-27 所示为一条在某一固定转速 n 下的特性曲线。当压缩机正常运行工作点 A 由于某种原因压缩机减低负荷时，即 $Q_B < Q_A$，于是压缩机的工作点将由 A 至 B，如果负荷继续降低，则压缩比将下降，出口压力应减小，可是与压缩机相连接的管路中气体并不同时下降，其压力在这一瞬间不变，这时管网中的压力反而大于压缩机出口处压力，气体就会从管网中倒流向压缩机，一直到管网中压力下降到低于压缩机出口压力为止，工作点由 B 下降到 C。由于压缩机在继续运转，此时压缩机又开始向管网中送气，流量增加，工作点由 C 变到 D，D 点对应流量 Q_D 大于 Q_A，超过要求负荷量，系统压力被逼高，如压缩机工作点不能在 A 点稳定下来，就会不断地重复上述循环，使工作点由 A→B→C→D→A 反复迅速地突变，好像工作点在"飞动"，故对这种现象称作压缩机的飞动，习惯上又称它为喘振。

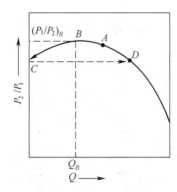

图 2-27　离心式压缩机固定转速下的特性

（2）防喘振控制方案

①固定极限流量控制方案

在压缩机及管网一定的条件下，设法使压缩机运行永远高于某一固定流量，使其避免进入喘振区运行。这种防止产生喘振的控制方法，称为固定极限流量防喘振控制。

②可变极限流量控制方案

由于不同的转速下，压缩机的喘振极限流量是不同的，所以若按喘振极限曲线来控制压缩机，就可以使压缩机在任何转速条件下都不会发生喘振，而且节约了能量。

2.4.3　任务分析与实施

2.4.3.1　任务分析

流量过程控制系统，被控量为水路管道中的流量值，主要任务是准确保持水路管道中的流量值稳定在给定值。流量控制系统基于 PCS 现场总线控制，控制系统采用西门子 S7-300 的 PLC 控制，监控软件采用 SIMATIC WinCC。可以采用电动阀支路流量控制系统，使用增压泵、智能电动调节阀、电磁流量计、水箱等。也可以采用变频器支路流量控制系统，使用变频器 MICROMASTER 420、磁力泵、带 PA 电磁流量计、上水箱等。

2.4.3.2　任务实施

1. 实施目的

（1）了解简单流量过程控制系统的构成和工作原理；

（2）掌握简单流量过程控制系统调节器参数的整定和控制方法；

（3）掌握电磁流量计的特性和使用；

（4）了解调节器相关参数的变化对系统静、动态性能的影响；

（5）掌握 P、PI、PD 和 PID 四种调节器分别对流量控制的作用。

2. 构思设计

（1）设计方案一：电动阀支路流量控制系统

流量控制系统可以采用电动阀支路流量控制系统，将电磁流量计检测到上水箱的流量信号作为反馈信号，在与给定量比较后的差值通过调节器（S7-300 PLC）进行相应的 PID 运算，由其计算后的信号输出给电动调节阀，然后由电动调节阀控制增压泵供水系统的进水流量，从而最终达到管内流量的平衡。为了实现系统在阶跃给定和阶跃扰动作用下的无静差控制，系统的调节器应为 PI 或 PID 控制。

电动阀支路流量控制系统流程图如图 2-28 所示。

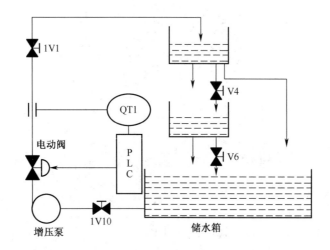

图 2-28　电动阀支路流量控制系统流程图

电动阀支路流量控制系统方框图如图 2-29 所示。

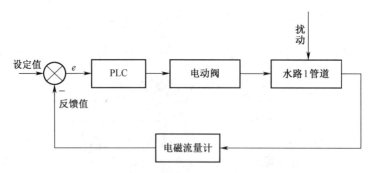

图 2-29　电动阀支路流量控制系统方框图

（2）设计方案二：变频器支路流量控制系统

流量控制系统也可以采用变频器支路流量控制系统，被控量为水路 2 管道中的流量值，要求水路 2 管道中的流量值稳定在给定值。被控量为水路 2 管道中的流量值，将涡轮流量计检测到水路 2 管道中的流量作为反馈信号，在与给定量比较后的差值通过调节器（S7-300 PLC）进行相应的 PID

运算，由其计算后的信号输出给变频器，然后由变频器控制磁力泵供水系统的进水流量，从而最终达到管内流量的平衡。为了实现系统在阶跃给定和阶跃扰动作用下的无静差控制，系统的调节器应为 PI 或 PID 控制。

变频器支路流量控制系统流程图如图 2-30 所示。

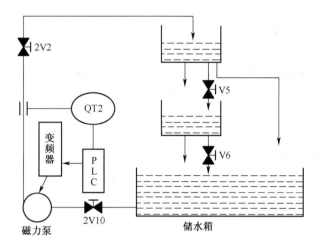

图 2-30　变频器支路流量控制系统流程图

变频器支路流量控制系统方框图如图 2-31 所示。

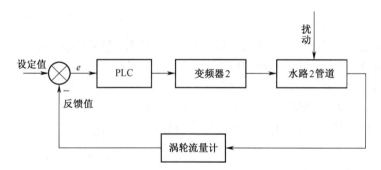

图 2-31　变频器支路流量控制系统方框图

3. 运行调试

流量过程控制系统可以结合过程控制实训系统或 PCS 现场总线过程控制系统或 ZHSK-2 型过程控制实训系统来进行运行调试。

2.4.4　任务思考

1. 电动阀支路流量控制系统的结构框图。
2. 变频器支路流量控制系统的结构框图。
3. 比较变频器和电动阀流量控制系统的特点。
4. 流量控制系统的特点和流量控制的难点。
5. 控制系统在阶跃扰动作用下的静、动态性能。
6. 调节器采用不同 PID 参数对系统性能产生的影响。

任务五　压力过程控制系统

2.5.1　任务要求

压力过程控制系统，被控量为水路中压力值，要求水路中的压力值稳定在给定值。主要任务是分析压力过程控制系统的组成、特点、控制原理；确定压力过程控制系统方案；绘制规范的压力过程控制系统方框图；选择控制器的控制规律；进行压力过程控制系统的设计；完成压力过程控制系统的投运。

2.5.2　相关知识

2.5.2.1　有关压力的概述

在生产过程中，经常会遇到压力和真空度的检测问题。例如一些化学反应过程、涉及生产安全的锅炉压力等。

1. 压力的表示方法

压力是垂直均匀地作用于单位面积上的力。

压力有三种表示方法：绝对压力、表压、负压或真空度。绝对压力是指介质所受的实际压力。表压是指高于大气压的绝对压力与大气压力之差。负压或真空度是指大气压与低于大气压的绝对压力之差。

2. 压力的检测方法

压力的检测方法有弹性力平衡方法、重力平衡方法和物性测量方法三种。

弹性力平衡方法是基于弹性元件的弹性变形特性进行测量。压力计有弹簧管压力计、波纹管压力计、膜式压力计等。

重力平衡方法是基于流体静力学理论，有活塞式和液柱式压力计等。

物性测量方法是基于在压力作用下测压元件的某些物理特征发生变化的原理，有电压式压力计、振频式压力计等。

2.5.2.2　压力检测仪表的分类

测量压力的仪表种类很多，依据转换原理的不同，压力仪表主要有四大类：液柱式压力计、弹性式压力计、电气式压力计和活塞式压力计。

1. 液柱式压力计

液柱式压力计是根据流体静力学原理将被测压力转换成液柱高度进行测量的。按其结构形式的不同，有 U 型管压力计、单管压力计和斜管压力计等。这类压力计结构简单、使用方便，但其精度受工作液的毛细管作用、密度及视差等因素的影响，测量范围较窄，一般用来测量较低的压力、真空度或压力差。

2. 弹性式压力计

弹性式压力计是将被测压力转换成弹性元件变形的位移进行测量。特点是结构简单、价格便宜、测压范围宽，测量精度也比较高，在生产过程中获得了最广泛的应用，例如弹簧管压力计、波纹管压力计及膜片式压力计等。

3. 电气式压力计

电气式压力计是通过机械和电气元件将被测压力转换成电量（如电压、电流、频率等）来进行测量的。特点是反应较快、测量范围较广、精度可达 0.2%，便于远距离传送。所以在生产过程中可以实现压力自动检测、自动控制和报警，适用于测量压力变化快、脉动压力、高真空和超高压的场合。例如各种压力传感器和压力变送器。

4. 活塞式压力计

活塞式压力计是根据水压机液体传送压力的原理，将被测压力转换成活塞上所加平衡砝码的重量来进行测量的。它的测量精度很高，允许误差可小到 0.05%～0.02%。一般作为标准型压力测量仪器来检验其他类型的压力计。

工业上常用的压力仪表主要是弹性式压力仪表和电气式压力仪表。

2.5.2.3　常用压力检测与变送

1. 弹性式压力计

弹性式压力计是利用各种形式的弹性元件，在被测介质的压力作用下，使弹性元件受压产生弹性形变的原理来测量压力的。这种仪表具有结构简单、使用可靠、读数清晰、牢固可靠、价格低廉、测量范围宽（几百帕到数千兆帕）以及有足够的精度等优点。若增加附加装置，如记录机构、电气变换装置、控制元件等，则可以实现压力的记录、远传、信号报警、自动控制等。

弹性元件是一种简易可靠的测压敏感元件，常用的弹性元件有：弹簧管（如单圈和多圈弹簧管）、膜片（如波纹膜片和膜盒）、波纹管等，如图 2-32 所示。当测压范围不同时，所用的弹性元件也不一样。

弹簧管式弹性元件如图 2-32（a）和（b）所示，薄膜式弹性元件如图 2-32（c）和（d）所示，波纹管式弹性元件如图 2-32（e）所示。

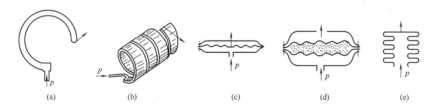

(a)　　　　(b)　　　　(c)　　　　(d)　　　　(e)

图 2-32　弹簧管式弹性元件

弹性式压力计的典型代表是弹簧管压力表。弹簧管压力表的测量范围极广，品种规格繁多。按其使用的测压元件不同，可有单圈弹簧管压力表和多圈弹簧管压力表。按其用途不同，除普通弹簧管压力表外，还有耐腐蚀的氨用压力表和禁油的氧气压力表等。它们的外形与结构基本上是相同的，只是所用的材料有所不同。弹簧管压力表的结构原理如图 2-33 所示。

测量元件弹簧管是一根弯成 270°圆弧的椭圆截面的空心金属管，管的自由端 B 封闭，另一端固定在接头 9 上。当接头通入被测压力 p 后，由于椭圆形截面在压力 p 的作用下将趋于圆形，而弯成圆弧形的弹簧管也随之产生向外挺直的扩张变形，从而使自由端 B 产生位移。该位移与输入的压力 p 成正比，弹簧管的自由端 B 的微小位移通过拉杆 2 经由扇形齿轮 3 和中心齿轮 4 组成的放大机构进行放大，转换成指针 5 的顺时针偏转位移，在表盘上指示出被测压力 p 的数值。

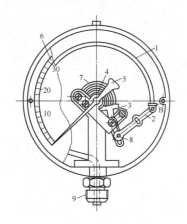

图 2-33　弹簧管压力表的结构原理图

游丝 7 用来克服因扇形齿轮与中心齿轮间的传动间隙而产生的仪表变差。调整螺钉 8 的位置即可改变机械传动的放大系数，实现压力表的量程调整。

2. 电气式压力计

电气式压力计一般由压力传感器、测量电路和信号处理装置组成。常用的信号处理装置有指示仪、报警仪、记录仪以及控制器、微处理机等。

压力传感器的作用是把压力信号检测出来并转换成电信号进行输出，当输出的电信号能够进一步变换为标准信号时（4~20mA）输出，压力传感器又称为压力变送器。各种电气式压力计的区别就在于压力传感器不同。常用的压力传感器有：

（1）霍尔片式压力传感器

该压力传感器是根据霍尔效应制成的，即利用霍尔元件将由压力所引起的弹性位移转换成霍尔电势来实现压力的测量。

霍尔片为一半导体材料制成的薄片。如图 2-34 所示，在霍尔片的 Z 轴方向加一磁感应强度为 B 的恒定磁场，在 Y 轴方向加一外电场（接入直流稳压电源）便有恒定电流沿 Y 轴方向通过。电子在霍尔片中逆 Y 轴方向运动时，由于受电磁力的作用，电子的运动轨迹发生偏移，造成霍尔片的一个端面上有电子积累，另一个端面上正电荷过剩，于是在霍尔片的 X 轴方向上出现电位差，该电位差称为霍尔电势，该物理现象称为"霍尔效应"。

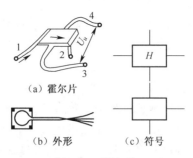

（a）霍尔片　（b）外形　（c）符号

图 2-34　霍尔片

如果选定了霍尔元件，并使电流保持恒定，则在非均匀磁场中，霍尔元件所处的位置不同，所受到的磁感应强度也将不同，这样就可得到与位移成比例的霍尔电势，实现位移-电势的线性转换。

将霍尔元件与弹簧管配合，就组成了霍尔片式弹簧管压力传感器，被测压力由弹簧管 1 的固定端引入，弹簧管的自由端与霍尔片 3 相接，在霍尔片的上、下方垂直安放两对磁极，使霍尔片处于两对磁极形成的非均匀磁场中。霍尔片的四个端面引出四根导线，其中与磁钢 2 相平行的两根导线与直流稳压电源相连接，另两根导线用来输出信号。

当被测压力 p 引入后，在其作用下，弹簧管的自由端产生位移，因而改变了霍尔片在非均匀磁场中的位置，使产生的霍尔电势与被测压力成正比。利用这一电势即可实现远距离显示和自动控制。

（2）电容式压力传感器

作为压力（差压）变送器的重要组成部分，电容式压力传感器的作用是将压力（或差压）的变化转换为电容量的变化，再通过测量电路的检测和放大，输出 4～20mA 的直流电信号。电容式压力传感器将左右对称的不锈钢底座的外侧加工成环状波纹沟槽，并焊上波纹隔离膜片，基座内侧有玻璃层，基座和玻璃层中央有孔道相通。玻璃层内表面磨成凹球面，球面上镀有金属膜，此金属膜有导线通往外部，构成电极的左右极板。在两个固定的极板之间是弹性材料制成的测量膜片，作为电容的中央动极板。在测量膜片两侧的空腔中充满硅油。

当被测压力 P_1、P_2 分别加于左右两侧的隔离膜片时，通过硅油将差压传递到测量膜片上，使其向压力小的一侧弯曲，引起中央动极板与两端固定电极间的距离发生变化，因而两电容的电容量一个增大、一个减小而不再相等。电容的变化量通过引线传至测量电路，通过测量电路的检测与放大，输出一个 4～20mA 的直流信号。

电容式压力（差压）传感器的结构可以有效地保护测量膜片。当差压过大并超过允许测量范围时，测量膜片将平滑地贴靠在玻璃凹球面上，因而不易损坏，过载后的恢复特性很好，大大提高了过载承受能力。

电容式压力传感器具有结构简单、过载能力强、可靠性好、测量精度高、体积小、重量轻，使用方便等一系列优点。

3．压差变送器

压差变送器也称差压变送器，主要由测压元件传感器、模块电路、显示表头、表壳和过程连接件等组成。它能将接收的气体、液体等压力差信号转变成标准的电流电压信号，以供给指示报警仪、记录仪、调节器等二次仪表进行测量、指示和过程调节。

差压变送器的测量原理是：流程压力和参考压力分别作用于集成硅压力敏感元件的两端，其差压使硅片变形（位移很小，仅 μm 级），以使硅片上用半导体技术制成的全动态惠斯登电桥在外部电流源驱动下输出正比于压力的 mV 级电压信号。由于硅材料的强性极佳，所以输出信号的线性度及变差指标均很高。工作时，压力变送器将被测物理量转换成 mV 级的电压信号，并送往放大倍数很高而又可以互相抵消温度漂移的差动式放大器。放大后的信号经电压电流转换变换成相应的电流信号，再经过非线性校正，最后产生与输入压力成线性对应关系的标准电流电压信号。

差压变送器根据测压范围可分成一般压力变送器（0.001MPa～20MPa）和微差压变送器（0～30kPa）两种。

2.4.3.4　压力检测仪表的选择

1．选用的主要依据

压力检测仪表的选用应根据工艺生产过程对压力测量的要求，结合其他各方面的情况加以全面的考虑和具体的分析，以保证仪表正常工作及安全生产。

压力检测仪表的选用必须满足工艺生产过程的要求，包括量程与精度。

压力检测仪表的选用必须考虑被测介质的性质，如温度高低、工作压力大小、粘度、易燃易爆程度等。

压力检测仪表的选用必须注意仪表安装使用的现场环境条件，如环境温度、电磁场、振动等。

2. 压力检测仪表的选择

压力检测仪表的选择主要包括仪表的型式、量程范围、精度与灵敏度、外形尺寸以及是否需要远传和其他功能，如指示、记录、报警控制等。选用压力表一般应考虑以下几个方面的问题。

（1）仪表类型的选用

仪表类型的选用必须满足工艺生产的要求。例如是否需要远传、自动记录或报警；被测介质的物理化学性能（诸如腐蚀性、温度高低、粘度大小、脏污程度、易燃易爆性能等）是否对测量仪表提出特殊要求；现场环境条件（诸如高温、电磁场、振动及现场安装条件等）对仪表类型是否有特殊要求等。

例如普通压力表的弹簧管多采用铜合金，高压的也有采用碳钢的，而氨用压力表弹簧管的材料都采用碳钢，不允许采用铜合金，以避免氨气腐蚀铜而损坏压力表。

（2）仪表测量范围的确定

仪表的测量范围是指该仪表可按规定的精度对被测参数进行测量的范围，它是根据操作中需要测量的参数的大小来确定的。

在测量压力时，为了延长仪表使用寿命，避免弹性元件因受力过大而损坏，压力计的上限值应该高于工艺生产中可能的最大压力值。根据"化工自控设计技术规定"，在测量稳定压力时，最大工作压力不应超过测量上限值的2/3；测量脉动压力时，最大工作压力不应超过测量上限值的1/2；测量高压压力时，最大工作压力不应超过测量上限值的3/5。

仪表量程的选择：测量稳定压力（4/3被测压力最大值）；测量波动较大的压力（3/2被测压力最大值）；保证精度（被测压力最小值应不低于仪表量程的1/3）。

（3）仪表精度的选取

仪表精度等级的选择应根据生产工艺对压力测量所允许的最大误差来决定。工业用选1.5级或2.5级，实验室或校验用选0.4级及0.25级以上。在满足工艺要求的前提下，应尽量选用精度较低、价廉耐用的仪表。

2.4.3.5 安全仪表系统

安全仪表系统（SIS），也称紧急停车系统（ESD）或仪表保护系统（IPS），是对石油化工等生产装置可能发生的危险或不采取措施将继续恶化的状态进行自动响应和干预，从而保障生产安全，避免造成重大人身伤害及重大财产损失的控制系统。

1. 安全仪表系统的基本组成

基本组成大致可分为三部分：传感器单元、逻辑运算单元和最终执行器单元。

2. 安全仪表系统的设计要求

（1）对检测元件的要求

检测元件（传感器）分开独立设置，指采用多台检测仪表将控制功能与安全联锁功能隔离，即安全仪表系统与过程控制系统的实体分离。

（2）对最终执行元件的要求

最终执行元件（切断阀、电磁阀）是安全仪表系统中可靠性低的设备。由于安全仪表系统在正常工况时，最终执行元件一直保持在原有的状态，很难确认最终执行元件是否有危险故障。在正常工况时过程控制系统是动态的、主动的，控制阀动作是随控制信号的变化而变化，不会长期停留在某一位置。

3. 对安全仪表系统逻辑控制器结构选择要求

安全仪表系统故障有两种：显性故障（安全故障）和隐性故障（危险故障）。当系统出现显性故障时，可立即检测出来，系统产生动作进入安全状态。显性故障不影响系统的安全性，但会影响系统的可用性。当系统出现隐性故障时，只能通过自动测试程序检测出来，系统不能产生动作进入安全状态。隐性故障影响系统的安全性，但不影响系统的可用性。因此通过对逻辑控制器结构的选择可克服隐性故障系统安全性的影响，通常选择 2OO3（三取二）或者 2OO4D（四取二，带诊断功能）结构。

安全仪表系统的功能通常是简单的开环控制逻辑，但必须确保其能够可靠执行。因此，在安全仪表系统的设计中可靠性非常重要。

2.5.3　任务分析与实施

2.5.3.1　任务分析

压力过程控制系统基于 PCS 现场总线控制，控制系统采用西门子 S7-300 的 PLC 控制，监控软件采用 SIMATIC WinCC，使用变频器 MICROMASTER 420、磁力泵、压力变送器等。

2.5.3.2　任务实施

1. 实施目的

（1）掌握简单压力过程控制系统的构成和工作原理；

（2）掌握压力过程控制系统调节器参数的整定和控制方法；

（3）掌握 PID 参数自整定的方法及参数整定在整个系统中的重要性；

（4）掌握调节器相关参数的改变对压力过程控制系统动态性能的影响。

2. 构思设计

（1）压力过程控制系统

压力过程控制系统，被控量为水路中的压力值，要求水路中的压力值稳定在给定值。将压力传感器检测到水路 2 中的水压信号作为反馈信号，在与给定量比较后的差值通过调节器（S7-300 PLC）进行相应的 PID 运算，由其计算后的信号输出给变频器，然后由变频器控制磁力泵供水系统的进水压力，从而达到控制设定压力基本恒定的目的。为了实现系统在阶跃给定和阶跃扰动作用下的无静差控制，系统的调节器应为 PI 或 PID 控制。

（2）压力过程控制系统流程图

压力过程控制系统的流程图如图 2-35 所示。

（3）压力过程控制系统方框图

压力过程控制系统的方框图如图 2-36 所示。

3. 实现运行

压力过程控制系统可以结合过程控制实训系统或 PCS 现场总线过程控制系统或 ZHSK-2 型过程控制实训系统来进行运行调试。

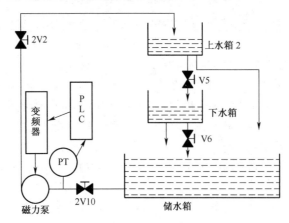

图 2-35　压力过程控制系统的流程图

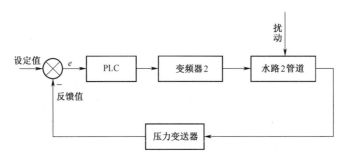

图 2-36　压力过程控制系统的方框图

2.5.4　任务思考

1．压力检测仪表的工作原理。

2．变频器控制压力过程控制系统的结构框图。

3．某台往复式压缩机的出口压力范围为 25～28MPa，测量误差不得大于 1MPa。工艺上要求就地观察，并能高低限报警，试正确选用一台压力表，指出型号、精度与测量范围。

4．压力过程控制系统中 PID 调节器有什么特点？

任务六　随动流量比值控制系统

2.6.1　任务要求

随动流量比值控制系统，主要任务是准确保持主副回路中流量的比值不变；分析过程控制系统的组成、特点、控制原理；确定过程控制系统方案；绘制规范的过程控制系统方框图；设计主、副回路；选择主副控制器的控制规律；完成过程控制系统的投运。

2.6.2　相关知识

2.6.2.1　比值控制系统的引入

在化工、炼油、制药及其他工业生产过程中，经常需要两种或两种以上的物料按一定比例混合或进行化学反应，如果比例失调，轻则会导致产品质量不合格、原料的浪费，严重时会造成生产事故或发生人身伤害，给企业带来较大的损失。例如氨分解工艺中的氨分解炉，入炉煤气和空气应保持一定的比例，否则将使燃烧反应不能正常进行，而煤气和空气比例超过一定的极限将会引起爆炸。这种用来实现两个或两个以上参数之间保持一定比值关系的过程控制，均称为比值控制。

2.6.2.2　比值控制系统的原理

实现两个或两个以上参数符合一定比例关系的控制系统，称为比值控制系统。由于过程工业中大部分物料都是以气态、液态或混合的流体状态在密闭管道，容器中进行能量传递与物质交换，所以保持两种或几种物料的比例实际上是保持两种或几种物料的流量比例关系，因此比值控制系统一般是指流量比值控制系统。

在需要保持比值关系的两种物料中，必有一种物料处于主导地位，这种物料称为主物料，表征这种物料的参数称为主动量。由于在生产过程控制中主要是流量比值控制系统，所以主动量也称为主流量，用 F_1 表示；而另一种物料按主物料进行配比，在控制过程中随主物料而变化，因此称为从物料，表征其特性的参数称为从动量或副流量，用 F_2 表示。一般情况下，总是把生产中主要物料定为主物料。在有些场合，以不可控物料定为主物料，用改变可控物料即从物料来实现它们之间的比值关系。

比值控制系统就是要实现副流量 F_2 与主流量 F_1 成一定比值关系，满足如下关系式：$K=F_2/F_1$，式中 K 为副流量与主流量的流量比值。因此，只要主副流量的给定值保持比值关系，或者副流量给定值随主流量按一定比例关系而变化即可实现比值控制。

在实际的生产过程控制中，比值控制系统除了实现一定比例的混合外，还能起到在扰动影响到被控过程质量指标之前及时控制的作用。而且当最终质量指标难于测量、变送时，可以采用比值控制系统，使生产过程在最终质量达到预期指标下安全正常地进行，因为比值控制具有前馈控制的实质。

2.6.2.3　比值控制的分类

比值控制系统可分为开环比值控制系统、单闭环比值控制系统、双闭环比值控制系统、变比值控制系统、串级和比值控制组合的系统等。

1. 开环比值控制系统

如图 2-37 所示为开环比值控制系统结构图及方框图。

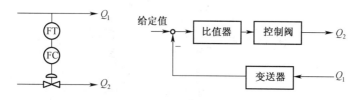

图 2-37　开环比值控制系统结构图及方框图

开环比值控制系统是最简单的控制方案，优点是结构简单、操作方便、投入成本低。因其为开环特性，副流量因阀前后压力变化等干扰影响而波动时，副流量没有反馈校正，系统不能予以克服，无法保证两流量间的比值关系。因此开环比值控制系统适用于副流量比较平稳，并且对比值要求不严格的场合。在生产中很少采用这种控制方案。

2. 单闭环比值控制系统

单闭环比值控制系统是为了克服开环比值控制方案的缺点而设计的,这种方案的不足之处是主流量没有构成闭环控制。

单闭环比值控制系统构成方案有乘法和除法两种,如图2-38所示。

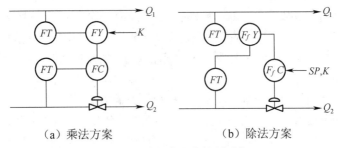

（a）乘法方案　　　　　　　（b）除法方案

图2-38　单闭环比值控制系统

单闭环比值控制系统的优点是它不但能实现从动量跟随主动量的变化而变化,而且还可以克服从动量本身干扰对比值的影响,因此主、副流量的比值较为精确。另外,这种方案的结构形式较简单,实施起来也比较方便,所以得到广泛的应用,尤其适用于主物料在工艺上不允许进行控制的场合。

单闭环比值控制系统,虽然能保持两物料量比值一定,但由于主流量是不受控制的,主流量变化时,总的物料量就会跟着变化。

3. 双闭环比值控制系统

在主流量也需要控制的情况下,增加一个主流量闭环控制系统,单闭环比值控制系统就成为双闭环比值控制系统,如图2-39所示。

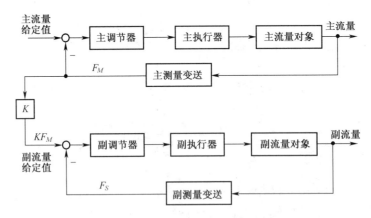

图2-39　双闭环比值控制系统方框图

两个单独的闭环控制系统也能使两个流量保持比例关系,仅仅在动态过程中,比例关系不能保证。双闭环比值控制系统由于增加了主流量闭环控制系统,主流量得以稳定,从而使得总流量能保持稳定。

双闭环比值控制系统的优点很明显,可以克服来自主副流量的干扰,方便地控制生产负荷。但所用设备较多,设计成本较高。此方案适合于比值控制要求较高,主动量干扰频繁,工艺上不允许主动量有较大的波动，总流量需要经常调整（即工艺负荷提降）的场合。

4. 变比值控制系统

有些生产过程却要求两种物料的比值根据第三个变量的变化而不断调整以保证产品质量，这种系统称为变比值控制系统。变比值控制系统构成方案也有乘法和除法两种，如图 2-40 所示。

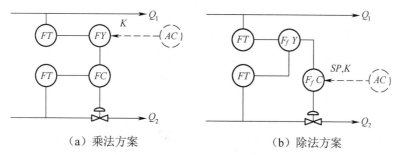

　（a）乘法方案　　　　　　　　　　（b）除法方案

图 2-40　变比值控制系统方框图

如图 2-41 所示是加热炉变比值控制系统，工艺上要求两种流量的比值依据其他条件可以调整，进料中燃料和空气要保持一定的比值关系，以维持正常的燃烧，而燃烧的实际状况又要从加热炉出烟的氧含量来加以判断。因此，可构建变比值控制系统。由 AT 测出烟气中的氧含量，送给 AC，AC 是调节器，其输出作为单闭环比值控制系统的比值的给定值，画出该系统的方框图如图 2-42 所示。

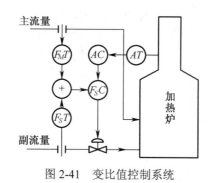

图 2-41　变比值控制系统

图 2-41 中单闭环比值系统采用的是相除方案，双闭环比值系统一样可以构成变比值系统。另外，该系统又是一个串级控制系统，图 2-42 是氧含量-流量比值串级控制系统。

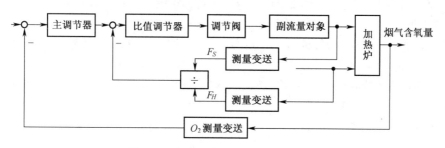

图 2-42　加热炉变比值控制系统方框图

2.6.2.4 比值控制系统的设计

1. 比值系数的计算

（1）流量与测量信号成线性关系

$$k = \frac{I_2 - 4}{I_1 - 4} = K \frac{Q_{2\max}}{Q_{1\max}} \tag{2-13}$$

式中，$Q_{1\max}$，$Q_{2\max}$ 分别为主副流量变送器的最大量程。

（2）流量与测量信号成非线性关系

$$k = \frac{I_2 - 4}{I_1 - 4} = K^2 \frac{Q_{1\max}^2}{Q_{2\max}^2} \tag{2-14}$$

由此，可以证明比值系数的换算方法与仪表的结构型号无关，只与测量的方法有关。

2. 比值方案的实施

比值方案的实施有相乘实施方案和相除实施方案两种。

2.6.2.5 比值控制和串级控制的比较

图 2-43 表示一个燃烧过程单闭环比值控制系统，主流量是燃料，副流量是空气。$F_M T$ 测量出主流量并变换为标准信号，乘以比值系数 K 后，作为副流量控制系统中被控变量 F_S 的给定值。如此，可以保持主流量与副流量之间的比例关系。从系统结构外观上看，似乎单闭环比值控制系统与串级控制系统很相似。但它们的方框图是不同的，功能也是不同的。单闭环比值控制系统的方框图如图 2-44 所示。

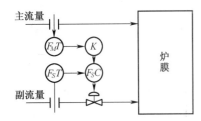

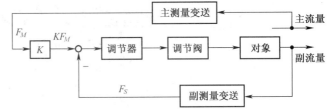

图 2-43　燃烧过程比值控制系统　　　　图 2-44　单闭环比值控制系统方框图

从图 2-44 中可以看到，没有主对象和主调节器，这是单闭环比值控制系统在结构上与串级不同的地方，串级中的副变量是调节变量到被控变量之间总对象的一个中间变量，而比值中，副流量不会影响主流量，这是两者之间本质上的区别。

副流量控制系统是一个随动控制系统，它的给定值由系统外部的 KF_M 提供，它的任务就是使副流量 F_S 尽可能地保持与 KF_M 相等，随 F_M 的变化而变化，始终保持 F_M 与 F_S 的比值关系。当系统处于稳态时，比值关系是比较精确的；在动态过程中，比值关系相对而言不够精确。另外，当主流量处于不变的状态时，副流量控制系统又相当于一个定值控制系统。

总之，单闭环比值控制系统能克服副流量的波动，能随着主流量的变化而变化，使 F_M 与 F_S 保持比值关系。但是单闭环比值控制系统不能克服主流量的变化，当希望主流量也较稳定时，单闭环比值控制系统就无法胜任了。因此，它应用于主流量不允许被控制的场合和主流量没有必要进行控制的场合。

串级控制系统是由其结构上的特征而得名的。它是由主、副两个控制器串接工作的。主控制器的输出作为副控制器的给定值，副控制器的输出去操纵控制阀，以实现对变量的定值控制。

单闭环比值控制系统无主对象、主控制器，并且从动量不会影响主动量。串级控制系统中，副变量是操纵变量到被控变量之间总对象的一个中间变量，该变量是主对象的输入，通过改变副被控变量来调节主被控变量。串级控制的副环与比值控制系统的从动量控制子系统都是随动控制系统。比值控制系统中，从动量控制系统是随动控制系统，其设定值由系统外部的 KF_M 提供，其任务就是使从动量 F_S 尽可能地保持与 KF_M 相等，随着 F_M 的变化，始终保持 F_M 与 F_S 的比值关系。在系统稳定时，该比值是比较精确的，在动态过程中，比值关系相对不够精确。当主动量处于不变状态时，从动量控制系统又相当于一个定值控制系统。

2.6.2.6　随动流量比值控制系统

随动流量比值控制系统即双闭环流量比值控制系统，是由一个定值控制的主流量回路和一个跟随主流量变化的副流量控制回路组成，主流量回路能克服主流量扰动，实现其定值控制。副流量控制回路能抑制作用于副回路中的扰动，当扰动消除后，主副流量都会回复到原设定值上，其比值不变。显然，随动流量控制系统的总流量是固定不变的。

随动流量比值控制系统中有两条支路，一路是来自于电动阀支路的流量 Q_1，它是一个主流量；另一路是来自于变频器-磁力泵支路的流量 Q_2，它是系统的副流量。要求副流量 Q_2 能跟随主流量 Q_1 的变化而变化，而且两者间保持一个定值的比例关系，即 $Q_2/Q_1=K$。

2.6.3　任务分析与实施

2.6.3.1　任务分析

随动流量比值控制系统基于 PCS 现场总线控制，控制系统采用西门子 S7-300 的 PLC 控制，监控软件采用 SIMATIC WinCC，使用变频器 MICROMASTER 420、增压泵、变频器、电磁流量计、带 PA 电磁流量计、智能电动调节阀等。

2.6.3.2　任务实施

1. 实施目的

（1）掌握比值控制系统的组成、基本原理、特点和使用场合；

（2）掌握比值控制系统的基本概念、比值系数的计算；

（3）掌握比值控制系统的类型选择、方案设计；

（4）掌握比值控制系统的调节器参数的整定和控制方法；

（5）掌握比值控制系统应用中应该注意的问题；

（6）了解 P、PI、PD 和 PID 四种调节器分别对流量控制的作用。

2. 构思设计

（1）随动流量比值控制系统控制原理

随动流量比值控制系统，采用 PLC 控制，将增压泵支路流量作为给定值。调节比值器将其支路的流量作为设定值，计算机根据流量设定值和 P、I、D 参数进行 PID 运算，输出信号给变频器，然后由变频器控制磁力泵供水系统的进水流量，从而达到控制流量比例恒定的目的。

（2）随动流量比值控制系统流程图

如图 2-45 所示为随动流量比值控制系统流程图。

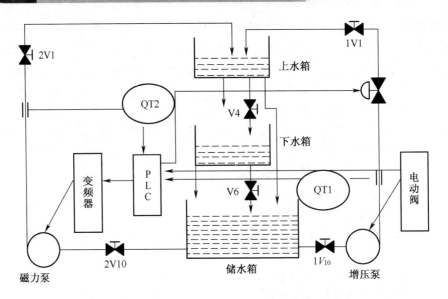

图 2-45 随动流量比值控制系统流程图

（3）随动流量比值控制系统方框图

如图 2-46 所示为随动流量比值控制系统方框图。

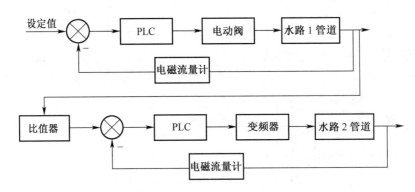

图 2-46 随动流量比值控制系统方框图

（4）比值系数的计算

随动流量比值控制系统，设流量变送器的输出电流与输入流量间成线性关系，即当流量 Q 由 $0 \sim Q_{max}$ 变化时，相应变送器的输出电流为 $4 \sim 20mA$。由此可知，任一瞬时主流量 Q_1 所对应变送器的输出电流为

$$I_1 = \frac{Q_1}{Q_{1max}} \times 16 + 4 \qquad (2\text{-}15)$$

任一瞬时副流量 Q_2 所对应变送器的输出电流为

$$I_2 = \frac{Q_2}{Q_{2max}} \times 16 + 4 \qquad (2\text{-}16)$$

式中 Q_{1max} 和 Q_{2max} 分别为 Q_1 和 Q_2 最大流量值，即流量计测量上限，由于两只流量计量程完全相同，所以有 $Q_{1max} = Q_{2max}$。

设工艺要求 $Q_2/Q_1=K$，则式（2-15）可改写为

$$Q_1 = \frac{(I_1-4)}{16} Q_{1\max} \qquad (2-17)$$

则式（2-16）可改写为

$$Q_2 = \frac{(I_2-4)}{16} Q_{2\max} \qquad (2-18)$$

于是求得

$$\frac{Q_2}{Q_1} = \frac{I_2-4}{I_1-4} \times \frac{Q_{2\max}}{Q_{1\max}} = \frac{I_2-4}{I_1-4} \qquad (2-19)$$

折算成仪表的比值系数 K' 为

$$K' = K \times \frac{Q_{1\max}}{Q_{2\max}} \qquad (2-20)$$

可以看出随动流量比值控制系统是由一个定值控制的主流量回路和一个跟随主流量变化的副流量控制回路组成，主流量回路能克服主流量扰动，实现其定值控制。副流量控制回路能抑制作用于副回路中的扰动，当扰动消除后，主副流量都回复到原设定值上，其比值不变。显然，随动流量控制系统的总流量是固定不变的。

3. 实现运行

随动流量比值过程控制系统可以结合过程控制实训系统或 PCS 现场总线过程控制系统或 ZHSK-2 型过程控制实训系统来进行运行调试。

2.6.4　任务思考

1. 随动流量比值控制系统的结构框图。
2. 什么叫比值控制系统？
3. 什么叫变比值控制系统？
4. 分析随动流量比值控制系统的特点，理解如何实现此控制？
5. 单闭环比值控制系统的原理与结构组成。
6. 如果 $Q_1(t)$ 是一斜坡信号，试问在这种情况下 Q_1 与 Q_2 能否保持原比值关系？
7. 常用比值方案有哪些？并比较其优缺点及其适用场合。
8. 如何根据控制要求设计比值控制系统？
9. 试简述双闭环比值控制系统及其使用场合。

任务七　水箱液位解耦过程控制系统

2.7.1　任务要求

水箱液位解耦过程控制系统，稳定水箱液位和温度在设定值。主要任务是分析过程控制系统的组成、特点、控制原理；确定过程控制系统方案；绘制规范的过程控制系统方框图；选择主副控制器的控制规律；完成过程控制系统的投运。

2.7.2 相关知识

2.7.2.1 解耦控制

在生产过程中，无耦合过程是指在一个多变量的控制系统中，一个被控变量只受一个控制变量影响的过程。

在生产过程中，往往有多个被控制量需要控制，因而有多个输入量参与控制，即被控过程（对象）是多输入、多输出的。这种对象的被控制量与控制量之间往往是相互关联的，一个控制量的变化将会同时引起多个被控制量的变化。为了对各个被控制量进行定值控制，就需要设置相应的负反馈控制回路。显然，这些控制回路之间也必然存在着关联和耦合的现象。为了消除上述耦合产生的不利影响，必须在系统控制器与执行器之间引入解耦装置，可解除系统之间的耦合，从而把一个多变量的控制系统分解为若干个独立的单变量控制系统。

解耦控制系统是指当多变量过程中的几个控制量同时对几个被控量有严重影响时，应采用解耦控制，使各系统成为独立的控制回路，这样的控制系统就是解耦控制系统。

例：火力发电厂中的锅炉就是一种多输入、多输出的典型过程。其中每个被控量都同时受到几个控制量的影响，而每个控制量都能同时影响几个被控制量。

对于多变量控制系统的耦合，有的可以通过被控量与控制量之间的适当配对或重新整定调节器参数的方法来处理。对于相互关联严重的过程，目前一般采用设计解耦装置来解除其耦合关系。

2.7.2.2 解耦方法

在控制器与执行器之间，串接解耦装置，可解除系统之间的耦合。通过串接解耦装置实现解耦的方法很多，主要有前馈补偿解耦、对角矩阵解耦以及单位矩阵解耦等，其中以前馈补偿法的结构为最简单，单位矩阵法的系统性能为最优。

2.7.2.3 前馈补偿解耦控制系统

前馈补偿解耦法，其基本思想是合理地选择好变量配对，其他变量看作是该通道的干扰，并按照前馈补偿的方法消除这种影响，它是根据前馈补偿的不变性原理来设计解耦网络的。前馈补偿法实际上就是把某一通道的调节器输出对另一通道的影响视为扰动作用，用前馈控制的补偿原理，消除控制回路间耦合关联的影响。

如图 2-47 所示为未加前馈补偿解耦控制系统方框图，如图 2-48 所示为前馈补偿解耦控制系统方框图。

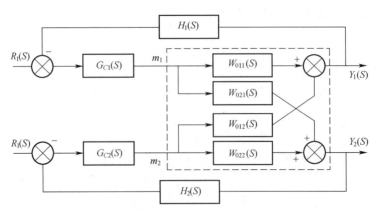

图 2-47　未加前馈补偿解耦控制系统方框图

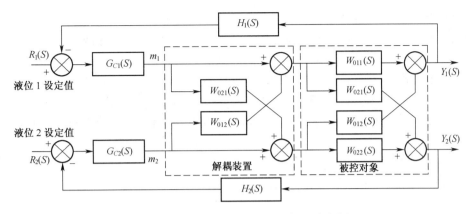

图 2-48　前馈补偿解耦控制系统方框图

2.7.2.4　前馈补偿计算

前馈全补偿的条件为

$$m_1 W_{021}(S) + m_1 W_{D1}(S) W_{022}(S) = 0$$
$$m_2 W_{012}(S) + m_2 W_{D2}(S) W_{011}(S) = 0$$

（2-21）

即

$$W_{D1}(S) = -\frac{W_{021}(S)}{W_{022}(S)}$$

$$W_{D2}(S) = -\frac{W_{012}(S)}{W_{011}(S)}$$

（2-22）

式中：

$$W_{011}(S) = K_{11} g_{11}(S); \quad W_{012}(S) = -K_{12} g_{12}(S);$$
$$W_{021}(S) = K_{21} g_{21}(S); \quad W_{022}(S) = -K_{22} g_{22}(S);$$

K 为比例系数，$g(S)$ 为动态部分的表达式。

2.7.3　任务分析与实施

2.7.3.1　任务分析

水箱液位解耦控制系统基于 PCS 现场总线控制，控制系统采用西门子 S7-300 的 PLC 控制，监控软件采用 SIMATIC WinCC，使用变频器 MICROMASTER 420、增压泵、磁力泵、、智能电动调节阀、上下水箱及液位变送器等。

2.7.3.2　任务实施

1. 实施目的

（1）掌握解耦控制系统的结构组成和工作原理；

（2）掌握解耦控制系统的基本概念、特点和应用；

（3）了解解耦控制系统中解耦控制的算法步骤；

（4）掌握解耦控制系统的数字控制器的结构组成和设计；

（5）掌握上水箱液位解耦控制系统的参数整定和投运。

2. 构思设计

（1）水箱液位解耦控制系统

水箱液位解耦控制系统，被控制量为上水箱 1 的液位 H_1 和上水箱 2 的液位 H_2，控制量分别为电动阀的开度和变频器的开度。被控制量与控制量之间是相互关联的，例如热水流量的变化不仅影响到水箱内水的温度，而且也会使水箱内液位的高度 h 发生变化。同理，冷水流量的变化同样会引起水箱的液位和温度变化。为了消除上述耦合产生的不利影响，使控制系统的被控制量 h 和 T 都能稳定于各自所要求的给定值，必须在系统中引入解耦装置 GD(S)，使解耦后的系统等价于两个独立的单回路控制系统。两个控制回路中的调节器可选择 PI 或 PID 控制，系统所需的恒温热水由锅炉恒压加热提供。

（2）水箱液位解耦控制系统流程图

如图 2-49 所示为水箱液位解耦控制系统流程图。

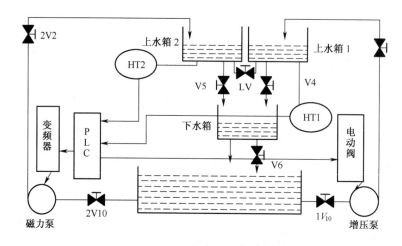

图 2-49　水箱液位解耦控制系统流程图

（3）水箱液位解耦控制系统方框图

如图 2-50 所示为水箱液位解耦控制系统方框图。

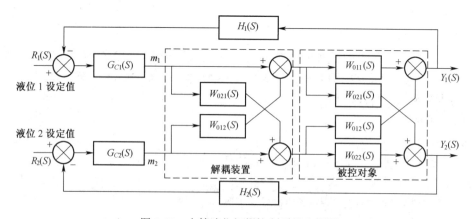

图 2-50　水箱液位解耦控制系统方框图

（4）静态解耦计算

水静态解耦是在工程中常采用的一种基本且有效的补偿方法，即不考虑对象的动态部分 $g(S)$，只取其前面的比例系数 K。这样，前馈装置变为：

$$W_{D1}(S) = -\frac{W_{021}(S)}{W_{022}(S)} \approx \frac{K_{21}}{K_{22}}$$

$$W_{D2}(S) = -\frac{W_{012}(S)}{W_{011}(S)} \approx \frac{K_{12}}{K_{11}}$$

（2-23）

式中参数 K_{11}、K_{12}、K_{21} 和 K_{22} 可用实验的方法确定，即在系统所要求的平衡状态下（T_{10} 和 T_{20}），分别突加操作量 m_1 和 m_2，建立它们与被控制量 Y_1 和 Y_2 间的静态方程

$$\Delta Y_1 = K_{11}\Delta m_1 - K_{12}\Delta m_2$$

（2-24）

$$\Delta Y_2 = K_{21}\Delta m_1 - K_{22}\Delta m_2$$

（2-25）

$W_{D1}(S)$ 和 $W_{D2}(S)$ 可采用以运放为核心元件组成的比例调节器来实现。

3. 实现运行

水箱液位解耦控制系统可以结合过程控制实训系统或 PCS 现场总线过程控制系统或 ZHSK-2 型过程控制实训系统来进行运行调试。

2.7.4　任务思考

1. 上水箱液位解耦控制系统的结构框图。

2. 什么是解耦控制？系统常用的解耦方法有哪些？

3. 解耦控制系统有什么特点？

4. 什么是分程控制系统？何时需采用这种系统？

项目三
串级控制系统设计与调试

【项目学习目标】

知识目标

- 了解串级过程控制系统的组成、特点、工作过程及应用场合；
- 掌握串级过程控制系统的连接、控制原理及各部分功能；
- 掌握主副控制器的控制规律以及调节器控制规律的选择方法；
- 了解阶跃扰动分别作用于副对象和主对象时对系统主控制量的影响；
- 了解串级过程控制系统调节器参数的整定和控制方法；
- 掌握调节器相关参数的变化对过程控制系统静、动态性能的影响；
- 掌握串级过程控制系统设计中要注意的问题；
- 掌握串级过程控制系统投运的方法；
- 掌握液位串级控制系统采用不同控制方案的实现过程。

技能目标

- 能熟练分析串级过程控制系统的组成、各部分的作用、控制原理、安装位置；
- 能正确连接串级过程控制系统管路、电路，并熟练操作监控系统；
- 能确定串级过程控制系统方案，并绘制规范的串级过程控制系统结构图和方框图；
- 能熟练使用差压变送器和智能 PID 调节器；
- 能分析控制器参数变化对串级过程控制质量的影响；
- 能完成串级过程控制系统的投运和控制器参数整定工作。

任务一   串级过程控制系统

3.1.1   任务要求

分析串级过程控制系统的组成、特点、控制原理及应用场合；确定串级过程控制系统方案；绘制规范的串级过程控制系统方框图；设计主、副回路；选择主副控制器的控制规律；选择控制器参数的整定和控制方法；进行串级过程控制系统的设计；完成串级过程控制系统的投运。

3.1.2   相关知识

3.1.2.1   串级控制系统的组成

1. 串级控制系统概述

随着科学技术的发展，现代过程工业规模越来越大，复杂程度越来越高，产品的质量要求越来越严格，以及相应的系统安全问题、管理与控制一体化问题等，越来越突出，因此要满足这些要求，解决这些问题，仅靠简单控制系统是不行的，需要引入更为复杂、更为先进的控制系统。串级控制系统就是在简单控制系统基础上发展起来的，是所有复杂控制系统中应用最多的一种，当要求被控变量的误差范围很小，被控过程滞后较大，干扰比较剧烈、频繁，负荷变化大、对控制质量要求较高时，采用简单控制系统控制品质较差，满足不了工艺控制精度要求，在这种情况下可考虑采用串级控制系统。

2. 串级控制系统的组成

串级控制系统是由主、副两个控制器串接工作，主控制器的输出作为副控制器的给定值，副控制器的输出去控制控制阀（执行器）以改变操纵变量，这种系统我们称之为串级控制系统。

主变量 y_1：是工艺控制指标或与工艺控制指标有直接关系，在串级控制系统中起主导作用的被控变量。

副变量 y_2：在串级控制系统中，为了更好地稳定主变量或因其他某些要求而引入的辅助变量。

主对象：由主变量表征其主要特征的生产设备。

副对象：由副变量表征其特征的生产设备。

主控制器：按主变量的测量值与给定值的偏差进行工作的控制器，其输出作为副控制器的给定值。

副控制器：按副变量的测量值与主控制器的输出值的偏差进行工作的控制器，其输出直接改变控制阀阀门开度。

主变送器：测量并转换主变量的变送器。

副变送器：测量并转换副变量的变送器。

副回路：由副测量变送器、副控制器、执行器和副对象构成的内层闭合回路，也称副环或内环。

主回路：由主测量变送器、主控制器、副回路和主对象构成的外层闭合回路，也称主环或外环。

加热炉出口温度与炉膛温度串级控制系统，串级控制系统采用两套检测变送器和两个调节器，前一个调节器的输出作为后一个调节器的设定，后一个调节器的输出送往调节阀。前一个调节器称为主调节器，它所检测和控制的变量称主变量（主被控参数），即工艺控制指标；后一个调节器称为副调节器，它所检测和控制的变量称副变量（副被控参数），是为了稳定主变量而引入的辅助变量。

整个系统包括两个控制回路，主回路和副回路。副回路由副变量检测变送、副调节器、调节阀和副过程构成；主回路由主变量检测变送、主调节器、副调节器、调节阀、副过程和主过程构成。

一次扰动是作用在主被控过程上的，而不包括在副回路范围内的扰动。二次扰动是作用在副被控过程上的，即包括在副回路范围内的扰动。

3. 串级控制系统的方框图

如图 3-1 所示为串级控制系统的方框图，串级控制系统有主、副两个控制回路，主、副调节器相串联工作，其中主调节器有自己独立的给定值 R，它的输出 m_1 作为副调节器的给定值，副调节器的输出 m_2 控制执行器，以改变主参数 C_1。

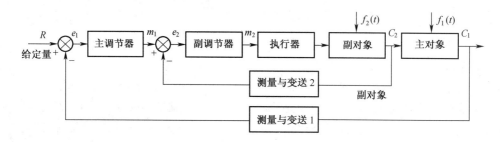

图 3-1　串级控制系统的方框图

3.1.2.2　串级控制系统的工作过程

当干扰扰动发生时，破坏控制系统的稳定状态，调节器及时进行控制调节。根据扰动施加点的位置不同有三种情况。

（1）干扰作用在主回路。

（2）干扰作用在副回路。

（3）干扰同时作用于副回路和主回路。

在串级控制系统中，由于引入了一个副回路，不仅能及早克服进入副回路的扰动，而且又能改善过程特性。副回路特点是：先调、粗调、快调。主回路的特点是：后调、细调、慢调。串级控制系统对于作用在主回路上的干扰和作用在副对象上的干扰都能有效地克服，从而使其控制品质得到进一步提高。

3.1.2.3　串级控制系统的特点

（1）减少控制通道的惯性，改善对象特性，改善过程控制的动态特性。

串级调节中，由于等效副回路的时间常数和放大系数都比原副对象的小，使系统的响应速度加快，控制及时，提高了系统的响应速度和抗干扰能力，改善了过程的动态特性，提高了系统控制质量。

（2）对于进入副回路的干扰具有很强的抑制能力，提高系统抗扰动能力。

串级调节与单回路调节相比，多了一个副调节回路。调节系统的主要干扰都包括在副调节回路中，因此，副调节回路能及时发现并消除干扰对主调节参数的影响，提高调节品质。

（3）具有一定的自适应能力。

串级控制系统中，主回路是一个定值控制系统，副回路是一个随动控制系统，主控制器可以根据生产负荷和操作条件的变化，不断修改副控制器的给定值，这就是一种自适应能力的体现。如果对象存在非线性，那么在设计串级控制系统时，可将这个环节包含在副回路中，当操作条件和生产负荷变化时，仍然能得到较好的控制效果。

（4）提高了系统的工作频率。

由于等效副回路的时间常数比原副对象的小，使系统的工作频率比采用单回路控制时高，能及时克服干扰、消除偏差。

3.1.2.4　串级控制系统的工业应用

1. 用于克服被控过程较大的容量滞后

在过程控制系统中，被控过程的容量滞后较大，特别是一些被控量是温度等参数时，控制要求较高，如果采用单回路控制系统往往不能满足生产工艺的要求。利用串级控制系统存在二次回路而改善过程动态特性，提高系统工作频率，合理构造二次回路，减小容量滞后对过程的影响，加快响应速度。在构造二次回路时，应该选择一个滞后较小的副回路，保证快速动作的副回路。

2. 用于克服被控过程的纯滞后

被控过程中存在纯滞后会严重影响控制系统的动态特性，使控制系统不能满足生产工艺的要求。使用串级控制系统，在距离调节阀较近、纯滞后较小的位置构成副回路，把主要扰动包含在副回路中，提高副回路对系统的控制能力，可以减小纯滞后对主被控量的影响，改善控制系统的控制质量。

3. 用于抑制变化剧烈、幅度较大的扰动

串级控制系统的副回路对于回路内的扰动具有很强的抑制能力。只要在设计时把变化剧烈、幅度较大的扰动包含在副回路中，即可以大大削弱其对主被控量的影响。

4. 用于克服被控过程的非线性

在过程控制中，一般的被控过程都存在着一定的非线性。这会导致当负载变化时整个系统的特性发生变化，影响控制系统的动态特性。单回路系统往往不能满足生产工艺的要求，由于串级控制系统的副回路是随动控制系统，具有一定的自适应性，在一定程度上可以补偿非线性对系统动态特性的影响。

3.1.3　任务分析与实施

3.1.3.1　任务分析

串级过程控制系统的设计包括设计主、副回路，主、副回路的匹配，选择主副控制器的控制规律，选择控制器参数的整定和控制方法，完成串级过程控制系统的投运。

3.1.3.2　任务实施

1. 串级控制系统的设计

（1）主回路的设计

串级控制系统的主回路是定值控制，与单回路控制系统的设计类似，设计过程可以按照简单控制系统设计原则进行。主要解决串级控制系统中两个回路的协调工作问题，主要包括如何选取副被控参数、确定主、副回路的原则等问题。

（2）副回路的设计

由于副回路是随动系统，对包含在其中的二次扰动具有很强的抑制能力和自适应能力，二次扰动通过主、副回路的调节对主被控量的影响很小，因此在选择副回路时应尽可能把被控过程中变化剧烈、频繁、幅度大的主要扰动包含在副回路中，此外要尽可能包含较多的扰动。

副回路的设计归纳如下。

①在设计中要将主要扰动包括在副回路中。

②将更多的扰动包括在副回路中。

③副被控过程的滞后不能太大，以保持副回路的快速响应特性。

④要将被控对象具有明显非线性或时变特性的一部分归于副对象中。

⑤在需要以流量实现精确跟踪时，可选流量为副被控量。

在这里要注意②和③存在明显的矛盾，将更多的扰动包括在副回路中有可能导致副回路的滞后过大，这就会影响到副回路的快速控制作用的发挥，因此，在实际系统的设计中要兼顾②和③。

例如，以物料出口温度为主被控参数、炉膛温度为副被控参数、燃料流量为控制参数的串级控制系统，假定燃料流量和气热值变化是主要扰动，系统把该扰动设计在副回路内是合理的。

（3）主、副回路的匹配

①主、副回路中包含的扰动数量、时间常数的匹配

设计中考虑使二次回路中尽可能包含较多的扰动，同时也要注意主、副回路扰动数量的匹配问题。副回路中如果包括的扰动越多，其通道就越长，时间常数就越大，副回路控制作用就不明显了，其快速控制的效果就会降低。如果所有的扰动都包括在副回路中，主调节器也就失去了控制作用。原则上，在设计中要保证主、副回路扰动数量、时间常数之比值在3～10之间。比值过高，即副回路的时间常数较主回路的时间常数小得太多，副回路反应灵敏，控制作用快，但副回路中包含的扰动数量过少，对于改善系统的控制性能不利；比值过低，副回路的时间常数接近主回路的时间常数，甚至大于主回路的时间常数，副回路虽然对改善被控过程的动态特性有益，但是副回路的控制作用缺乏快速性，不能及时有效地克服扰动对被控量的影响。严重时会出现主、副回路"共振"现象，导致系统不能正常工作。

②选择主、副调节器的控制规律

在串级控制系统中，主、副调节器所起的作用是不同的。主调节器是定值控制，副调节器是随动控制。系统对两个回路的要求有所不同。主回路一般要求无差，主调节器起定值控制作用，它的控制任务是使主参数等于给定值（无余差），主调节器的控制规律一般宜采用 PI 或 PID 控制规律；由于副回路是一个随动系统，它的输出要求能快速、准确地复现主调节器输出信号的变化规律，对副参数的动态性能和余差无特殊的要求，因而副调节器可采用 P 或 PI 调节器。一般情况不选取 I 或 D 控制规律。如果引入 I 控制，会延长控制过程，减弱副回路的快速控制作用；也没有必要引入 D 控制，因为副回路采用 P 控制已经起到了快速控制作用，引入 D 控制会使调节阀的动作过大，不利于整个系统的控制。

（4）选择主、副调节器的正、反作用方式

要使一个过程控制系统能正常工作，系统必须采用负反馈。对于串级控制系统来说有两个回路，主、副调节器的正、反作用方式的选择原则是使整个系统构成负反馈系统，即其主通道各环节放大系数极性乘积必须为正值。确定过程是首先判定为保证内环是负反馈副调节器应选用哪种作用方式，然后再确定主调节器的作用方式。以图 3-1 所示物料出口温度与炉膛温度串级控制系统为例，说明主、副调节器正反作用方式的确定。

①副调节器作用方式的确定

首先确定调节阀，出于生产工艺安全考虑，燃料调节阀应选用气开式，这样保证当系统出现故障使调节阀损坏而处于全关状态，防止燃料进入加热炉，确保设备安全，调节阀的 $K_v>0$。然后确定副被控过程的 K_{o2}，当调节阀开度增大，燃料量增大，炉膛温度上升，所以 $K_{o2}>0$。最后确定副调节器，为保证副回路是负反馈，各环节放大系数（即增益）乘积必须为正，所以副调节器 $K_2>0$，副调节器作用方式为反作用方式。

②主调节器作用方式的确定

炉膛温度升高，物料出口温度也升高，主被控过程 $K_{o1} > 0$。为保证主回路为负反馈，各环节放大系数乘积必须为正，所以副调节器的放大系数 $K_1 > 0$，主调节器作用方式为反作用方式。

例如图 3-1 所示串级控制系统示意图，从加热炉安全角度考虑，调节阀应选气开阀，即如果调节阀的控制信号中断，阀门应处于关闭状态，控制信号上升，阀门开度增大，流量增加，是正作用方式。反之，为负作用方式。副对象的输入信号是燃料流量，输出信号是阀后燃料压力，流量上升，压力亦增加是正作用方式。测量变送单元作用方式均为正。

在图 3-1 的串级控制系统方框图中可以看到，由于副回路可以简化成一个正作用方式环节，主对象作用方式为正，主测量变送环节为正。根据单回路控制系统设计中介绍的闭合系统必须为负反馈控制系统设计原则，即闭环各环节比例度乘积必须为正，故主调节器选用反作用调节器，副调节器选用反作用调节器。

2. 串级控制系统的参数整定

在工程实践中，串级控制系统常用的整定方法有以下三种：逐步逼近法、两步整定法和一步整定法。

（1）逐步逼近法

逐步逼近法，就是在主回路断开的情况下，按照单回路的整定方法求取副调节器的整定参数，然后将副调节器的参数设置在所求的数值上，使主回路闭合，按单回路整定方法求取主调节器的整定参数。然后，将主调节器参数设在所求得的数值上，再进行整定，求取第二次副调节器的整定参数值，然后再整定主调节器。依此类推，逐步逼近，直至满足质量指标要求为止。

（2）两步整定法

两步整定法就是第一步整定副调节器参数，第二步整定主调节器参数。

整定的具体步骤为：

①在工况稳定，主回路闭合，主、副调节器都在纯比例作用条件下，主调节器的比例度置于 100%，然后用单回路控制系统的衰减（如 4:1）曲线法来整定副回路。记下相应的比例度 δ_{2S} 和振荡周期 T_{2S}。

②将副调节器的比例度置于所求得的 δ_{2S} 值上，且把副回路作为主回路中的一个环节，用同样方法整定主回路，求取主回路的比例度 δ_{1S} 和振荡周期 T_{1S}。

③根据求取的 δ_{1S}、T_{1S} 和 δ_{2S}、T_{2S} 值，按单回路系统衰减曲线法整定公式计算主、副调节器的比例度 δ、积分时间 T_i 和微分时间 T_d 的数值。

④按"先副后主"，"先比例后积分最后微分"的整定程序，设置主、副调节器的参数，再观察过渡过程曲线，必要时进行适当调整，直到过程的动态品质达到满意为止。

（3）一步整定法

由于两步整定法要寻求两个 4:1 的衰减过程，这是一件很花时间的事。因而对两步整定法做了简化，提出了一步整定法。所谓一步整定法，就是根据经验先确定副调节器的参数，然后将副回路作为主回路的一个环节，按单回路反馈控制系统的整定方法整定主调节器的参数。

具体的整定步骤为：

①在工况稳定，系统为纯比例作用的情况下，根据 $K_{02}/\delta_2 = 0.5$ 这一关系式，通过副过程放大系数 K_{02}，求取副调节器的比例放大系数 δ_2。也可以按表 3-1 一步整定法比例带经验值表进行经验选取，并将其设置在副调节器上。

表 3-1　一步整定法比例带经验值表

副参数	比例带 δ_2%	放大倍数 K_2
温度	20～60	5～1.7
压力	30～70	3～1.4
流量	40～80	2.5～1.25
液位	20～80	5～1.25

②按照单回路控制系统的任一种参数整定方法来整定主调节器的参数。

③改变给定值，观察被控制量的响应曲线。根据主调节器放大系数 K_1 和副调节器放大系数 K_2 的匹配原理，适当调整调节器的参数，使主参数品质指标最佳。

④如果出现较大的振荡现象，只要加大主调节器的比例度 δ 或增大积分时间常数 T_I，即可得到改善。

3.1.4　任务思考

1．什么叫串级控制系统？画出一般串级控制系统的方框图。

2．串级控制系统有什么特点？主要使用在哪些场合？

3．串级控制系统中主、副变量应如何选择？

4．为什么说串级控制系统中的主回路是定值控制系统，而副回路是随动控制系统？

5．怎样选择串级控制系统中主、副控制器的控制规律？

6．串级控制系统中主、副调节器的正反作用方向如何确定？

7．串级控制系统中的主、副回路如何区分？作用各是什么？

8．串级控制系统比单回路控制系统的控制质量高的原因？

9．串级控制系统中主、副控制器参数的工程整定主要有哪几种方法？

10．单回路控制系统因流量干扰带来的控制品质下降，有何方法解决？

11．比较串级控制与双容控制的区别和控制的难易度，复杂控制系统的优点在哪里？

12．串级控制系统为什么对主扰动（二次扰动）具有很强的抗扰能力？当副对象的时间常数与主对象的时间常数大小接近时，二次扰动对主控制量的影响是否仍很小，为什么？

13．当一次扰动作用于主对象时，试问由于副回路的存在，系统的动态性能比单回路系统的动态性能有何改进？

14．串级控制系统投运前需要作好那些准备工作？

15．串级控制系统中主、副控制器参数的工程整定主要有哪两种方法？

16．锅炉液位是一单容对象，为克服进水流量的干扰，应采用怎样的控制方案？

任务二　水箱双容液位串级控制系统

3.2.1　任务要求

上下水箱双容液位串级控制系统，主要任务是要求学生利用串级控制理论相关知识，设计水箱液位串级控制系统。具体要求：分析串级过程控制系统的组成、特点、控制原理；确定串级过程控制系统方案；绘制规范的串级过程控制系统方框图；设计主、副回路；选择主副控制器的控制规律；进行串级过程控制系统的设计；选择水箱作为被控对象，智能调节仪作为控制器，PC 机作为上位机，运用组态软件对系统运行进行监控，独立完成硬件管路与线路的连接，整定 PID 参数，使主对象的液位值稳定于目标给定值，记录过程曲线，完成水箱液位串级控制系统的投运。

3.2.2　相关知识

3.2.2.1　复杂控制系统

复杂控制系统是指具有多个变量或两个以上测量变送器或两个以上控制器或两个以上控制阀的控制系统。

常用复杂控制系统有串级、比值、均匀、分程、选择、前馈等控制系统。

3.2.2.2　前馈控制系统

1. 前馈控制的原理

在过程控制系统中，当干扰出现，控制器直接根据干扰的大小和方向，不等干扰引起被控变量发生变化，就按照一定的规律进行控制，以补偿干扰作用对被控变量的影响，这样的控制方式称为前馈控制。

前馈控制系统是测取过程的干扰，及按其信号大小产生合适的控制作用去改变操纵变量，使受控变量维持在设定值上。

2. 前馈控制的特点

（1）前馈控制是按照干扰作用的大小和方向进行控制的，控制作用及时。

（2）在干扰作用下，前馈控制可以达到理想的控制，连续地维持在恒定的设定值上。

（3）前馈控制属于开环控制系统，本身不形成闭合反馈回路，不存在闭环稳定性问题，因而也不存在控制精度与稳定性矛盾。

（4）前馈控制器是专用控制器。

（5）一种前馈作用只能克服一种干扰。

3. 前馈控制系统的结构形式

前馈控制系统在结构上有静态前馈、动态补偿、前馈-反馈和多变量前馈等多种基本形式。

（1）静态前馈控制系统

静态前馈是在稳定状态下实现扰动的全补偿，而不考虑动态性能，主要根据系统的物料（能量）衡算式，获取静态前馈算式。前馈控制器的输出信号是按照干扰量的大小随时间变化的，是输入和时间的函数。如不考虑干扰通道和控制通道的动态特性，即不去考虑时间因素，这时就属于静态前馈。

静态前馈的传递函数为：

$$G_d(s) = -K_{ff} = -\frac{K_f}{K_o} \tag{3-1}$$

K_f——被控对象干扰通道的时间常数；　K_o——被控对象控制通道的时间常数。

由于静态前馈控制时不包含时间因子，因此实施起来相当方便。事实证明，在不少场合，特别是 $G_f(S)$ 与 $G_O(S)$ 滞后相近时，应用静态前馈控制也可获得较高的控制质量。

（2）动态前馈控制系统

静态前馈控制系统能够实现被控变量静态偏差为零或减小到工艺要求的范围内，为了保证动态偏差也在工艺要求之内，需要分析对象的动态特性，才能确定前馈控制器的规律，获得动态前馈补偿。

动态补偿是在静态前馈的基础上，考虑系统干扰通道和控制通道的动态特性的差异，在前馈调节器上加入相应动态环节，实现控制系统的全补偿。

（3）前馈-反馈控制系统

由于人们对被控对象的特性很难掌握准确，以及单纯前馈补偿精度限制，因此单纯前馈控制效果不理想，在生产过程中很少使用。前面比较过前馈和反馈的优缺点，如果能把两者结合起来构成控制系统，取长补短，协同工作一起克服干扰，能进一步提高控制质量，这种系统称为前馈-反馈控制系统。

前馈-反馈控制系统：由于前馈控制是一种开环控制，因而往往使系统存在偏差，为了克服这种偏差，在工程上将前馈与反馈结合起来，构成前馈-反馈控制系统。

综上所述，前馈-反馈控制系统具有以下优点：

①发挥了前馈控制系统及时的优点；

②保持了反馈控制能克服多个干扰影响和具有对控制效果进行校验的长处；

③反馈回路的存在，降低了对前馈控制模型的精度要求，为工程上实现比较简单的模型创造了条件。

4. 前馈控制的应用

前馈控制系统一般有以下应用场合。

（1）系统中存在频繁且幅值大的干扰，这种干扰可测但不可控，对被控变量影响比较大，采用反馈控制难以克服，但工艺上对被控变量的要求又比较严格，可以考虑引入前馈回路来改善控制系统的品质。

（2）当采用串级控制系统仍不能把主要干扰包含在副回路中时，采用前馈-反馈控制系统，可获得更好的控制效果。

（3）当对象的控制通道滞后大，反馈控制不及时，控制质量差，可采用前馈-反馈控制系统，以提高控制质量。

5. 前馈控制系统的参数整定方法

（1）静态前馈控制系统的参数整定

静态前馈的目的是在稳态下，实现对扰动的补偿，因此，静态前馈控制算式：

$$G_{ff}(s) = -\frac{G_{pd}(s)}{G_{pc}(s)} = -\frac{K_{pd}}{K_{pc}} = K_{ff} \tag{3-2}$$

式中 $G_{pd}(s)$ 和 $G_{pc}(s)$ 分别为干扰通道和控制通道的传递函数，K_{pd} 和 K_{pc} 分别为干扰通道和控制通道的放大倍数。

静态前馈的控制算式只有一个参数 K_{ff}，参数整定也只需确定一个参数 K_{ff}，参数整定时，只需调整 K_{ff} 即可实现对扰动的补偿。一般可通过实验的方法得到控制通道和干扰通道的稳态增益 K_{pc} 和 K_{pd} 即可求出前馈调节器的参数 K_{ff}，在实际投运时，平方加调整即可。

（2）动态补偿的参数整定

动态补偿的参数整定一般可用实验方法，分别获得各通道的动态特性，则动态补偿算式为

$$G_{ff}(s) = -\frac{G_{pp}(s)}{G_{pc}(s)} \tag{3-3}$$

在系统投运时，稍加整定即可。

（3）前馈-反馈控制系统的参数整定

前馈-反馈控制系统的参数整定，可以将这两个系统分别整定，然后组合起来，也可以先将反馈控制系统整定好，再逐渐引入前馈控制。

6. 前馈控制系统的投运

（1）静态前馈的投运

静态前馈的投运，通过参数整定得的参数 K_{ff} 作为初值，将前馈控制系统投入运行，然后根据控制质量逐渐调整 K_{ff} 使系统的稳态偏差为 0。

（2）动态补偿控制的投运

动态补偿控制的投运，将静态参数整定好以后再加入动态环节，观察过渡曲线，逐渐调整动态环节的参数，使系统动态性能变好。

（3）前馈-反馈控制系统的投运

前馈-反馈控制系统的投运，将前馈和反馈系统分别投运，然后组合起来。

3.2.2.3　均匀控制系统

1. 均匀控制的目的

在过程控制系统中，为了解决前后工序供求矛盾，达到前后兼顾协调操作，使前后供求矛盾的两个变量在一定范围内变化，为此组成的系统称为均匀控制系统。

2. 均匀控制系统的特点

（1）在均匀控制系统中，两个变量在控制过程中都应该是变化的，且变化是缓慢的。

（2）在均匀控制系统中，前后互相联系又互相矛盾的两个变量应保持在允许的范围内波动。

3. 均匀控制方案

（1）简单均匀控制方案

在如图 3-2 所示简单均匀控制系统中，不能选用微分作用规律，因为它与均匀控制要求是背道而驰的。一般只选用比例作用规律，而且比例度一般都是整定得比较大（100%～150%）；较少采用积分作用规律，若采用积分作用，积分时间也整定得比较大，即积分作用比较弱。

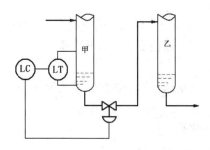

图 3-2　简单均匀控制系统

简单均匀控制系统最大的优点是结构简单，操作、整定和调试都比较方便，投入成本低。但是，如果前后设备压力波动较大时，尽管控制阀的开度不变，流量仍然会变化，此时简单均匀控制就不适合了。所以，简单均匀控制只适用于干扰较小，对流量均匀程度要求低的场合。

（2）串级均匀控制方案

串级均匀控制系统之所以能够使两个变量间的关系得到协调，是通过控制器参数整定来实现的。在如图 3-3 所示串级均匀控制系统中，参数整定的目的不是使变量尽快地回到给定值，而是要求变量在允许的范围内作缓慢的变化。

串级均匀控制系统的主、副控制器一般都采用纯比例作用的。只在要求较高时，为了防止偏差过大而超过允许范围，才引入适当的积分作用。

串级均匀控制系统的优点是能克服较大的干扰，使液位和流量变化缓慢平稳。适用于设备前后压力波动对流量影响较大的场合。

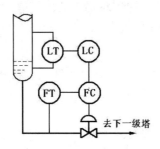

图 3-3　串级均匀控制系统

3.2.2.4　选择性控制系统

1. 选择性控制系统

选择性控制系统是把生产过程中的限制条件所构成的逻辑关系，叠加到正常的自动控制系统，实现了逻辑控制与常规控制的相结合。通常控制系统中设有两个或两个以上的控制器（变送器），通过选择器选出能适应生产安全状况的控制信号，实现对生产过程的自动控制。

2. 选择性控制系统的类型

选择性控制系统可以分为连续型选择性控制系统和开关型选择性控制系统两种类型。

（1）连续型选择性控制系统

连续型选择性控制系统的选择器可以位于两个控制器与一个执行器之间，选择器也可以位于控制器之前。

（2）开关型选择性控制系统

开关型选择性控制系统一般有两个可供选择的变量，其中一个变量是工艺操作的主要技术指标，另一个变量只在工艺上对其有一限值要求，只要不超出该限值，就能保证生产的正常进行。

3. 选择性控制系统的设计

选择性控制系统的设计一般包括选择器的选型和控制规律的确定两个设计内容。

（1）选择器的选型

选择器的选型过程可按如下步骤进行。

①从安全角度考虑，确定控制阀的气开和气关类型。

②确定正常工况和取代工况时的对象特性，即放大倍数的正、负。

③确定正常控制器和取代控制器的正、反作用。

④根据取代控制器的输出信号类型，确定选择器是高选器还是低选器。

⑤当选择高选器时，应考虑事故时的保护措施。

（2）控制规律的确定

在选择控制系统中，对于正常控制器可以按照简单控制系统的设计方法处理，一般来讲，由于正常控制器起着保证产品质量的作用，因此，应选用 PI 控制规律；如果过程存在较大的滞后，可以考虑选用 PID 控制规律；对于取代控制器而言，只要求它在非正常情况时能及时采取措施，故一般选用 P 控制规律，以实现对系统的快速保护。

3.2.2.5　分程控制系统

1. 分程控制系统

分程控制系统是将一个控制器的输出分成若干个信号范围，由各个信号段去控制相应的控制阀，从而实现了一个控制器对多个控制阀的控制。

2. 分程控制的应用场合

（1）用于扩大控制阀的可调范围，以改善控制品质。

（2）用于控制两种不同的介质，以满足工艺生产的要求。

3. 分程控制中的几个问题

（1）正确选择控制阀的流量特性

分程控制中，控制阀流量特性的选择异常重要，为使总的流量特性比较平滑，一般尽量选用对数阀，如果两个控制阀的流通能力比较接近，且阀的可调范围不大时，可选用线性阀。

（2）控制阀泄漏的问题

在分程控制中，阀的泄漏量大小是一个很重要的问题。当分程控制系统中采用大小阀并联时，若大阀泄漏量过大，小阀将不能充分发挥其控制作用，甚至起不到控制作用。因此，要选择泄漏量较小或没有泄漏的控制阀。

（3）控制规律的选择及参数整定问题

分程控制系统本质上仍是一个简单控制系统,有关控制器控制规律的选择及其参数整定可参考简单控制系统处理。但当两个控制通道特性不相同时，应照顾正常情况下的对象特性，按正常工况整定控制器的参数，另一阀只要在工艺允许的范围内工作即可。

3.2.2.6　自适应控制系统

自适应控制是建立在系统数学模型参数未知的基础上，在控制系统运行过程中，系统本身不断测量被控系统的参数或运行指标，根据参数或运行指标的变化，改变控制参数或控制作用，以适应其特性的变化，保证整个系统运行在最佳状态下。

一个自适应控制系统至少应包含有以下三个部分。

（1）具有一个检测或估计环节，目的是监视整个过程和环境，并能对消除噪声后的检测数据进行分类。通常是指对过程的输入、输出进行测量，进而对某些参数进行实时估计。

（2）具有衡量系统控制优劣的性能指标，并能够测量或计算它们，以此来判断系统是否偏离最优状态。

（3）具有自动调整控制器的控制规律或参数的能力。

3.2.3　任务分析与实施

3.2.3.1　任务分析

上下水箱双容液位串级控制系统由主控、副控两个回路组成，主要任务是准确保持上水箱 2 液位在设定值。主控回路中的调节器称主调节器，控制对象为下水箱，其液位为系统的主控制量。副控回路中的调节器称副调节器，控制对象为上水箱1，其液位为系统的副控制量。主调节器的输出作为副调节器的给定，因而副控回路是一个随动控制系统。副调节器的输出直接驱动电动调节阀，从而达到控制液位的目的。为了实现系统在阶跃给定和阶跃扰动作用下的无静差控制，系统的主调节器应为 PI 或 PID 控制。由于副控回路的输出要求能快速、准确地复现主调节器输出信号的变化规律，对副参数的动态性能和余差无特殊的要求，因而副调节器可采用 P 调节器。

上下水箱双容液位串级控制系统基于 PCS 现场总线控制，控制系统采用西门子 S7-300 的 PLC 控制，监控软件采用 SIMATIC WinCC，使用增压泵、智能电动调节阀、上下水箱及液位变送器等。

3.2.3.2 任务实施

1. 实施目的

（1）了解复杂液位串级过程控制系统的构成和工作原理。

（2）掌握水箱液位串级控制系统调节器参数的整定和控制方法。

（3）了解阶跃扰动分别作用于副对象和主对象时对系统主控制量的影响。

（4）掌握主、副调节器参数的改变对系统性能的影响。

2. 构思设计

（1）上下水箱液位串级控制系统

电动阀支路上下水箱双容液位串级控制系统采用 PLC 控制，将下水箱液位控制在设定高度。串级回路是由内反馈组成的双环控制系统，属于复杂控制范畴。在 PLC 中设置了两个虚拟调节器作为主副调节器。将上水箱 1 的液位信号输出作为主调节器输入，主调节器的输出作为副调节器的输入，在串级控制系统中，两个调节器任务不同，因此要选择调节器的不同调节规律进行控制，副调节器主要任务是快速动作，迅速抵制进入副回路的扰动，至于副回路的调节不要求一定是无静差。主调节器的任务是准确保持下水箱液位在设定值，因此，主调节器采用 PI 调节器，也可考虑采用 PID 调节器。

（2）上下水箱液位串级控制系统流程图

如图 3-4 所示为上下水箱液位串级控制系统流程图。

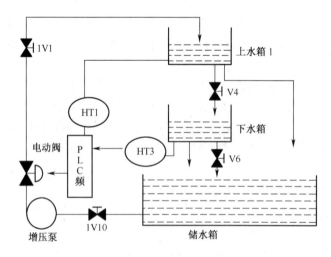

图 3-4　上下水箱液位串级控制系统流程图

（3）上下水箱液位串级控制系统方框图

如图 3-5 所示为上下水箱液位串级控制系统方框图。

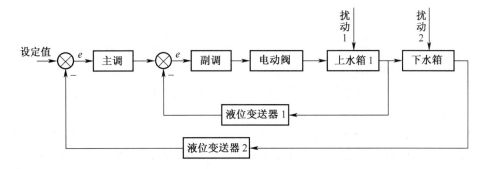

图 3-5　上下水箱液位串级控制系统方框图

3. 实现运行

水箱液位串级控制系统可以结合过程控制实训系统或 PCS 现场总线过程控制系统或 ZHSK-2 型过程控制实训系统来进行运行调试。

3.2.4　任务思考

1. 前馈控制的目的是什么？前馈控制主要应用在什么场合？
2. 什么是前馈控制系统？它有什么特点？
3. 前馈控制的主要形式有哪几种？
4. 前馈与反馈的区别？前馈控制与反馈闭环控制相比有哪些主要特点？
5. 为什么一般不单独使用前馈控制方案？
6. 前馈控制引入的前提条件是什么？
7. 在前馈控制系统中为什么要引入反馈？前馈-反馈控制系统有何优点？
8. 比较静态前馈、动态补偿、前馈-反馈控制系统的控制质量。
9. 均匀控制的目的是什么？
10. 均匀控制的特点是什么？
11. 简述均匀控制系统的控制方案。
12. 什么叫选择性控制系统？其设计关键是什么？
13. 什么叫分程控制系统？分程控制主要应用于哪些工业场合？

任务三　液位-流量串级控制系统

3.3.1　任务要求

液位-流量串级控制系统由主、副两个回路组成，主控量是水箱液位高度，副控量是变频器支路流量，主要任务是达到对主控量水箱液位高度的控制目的。分析液位-流量串级控制系统的组成、特点、控制原理；确定控制系统方案；绘制规范的串级过程控制系统方框图；设计主、副回路；选择主副控制器的控制规律；进行串级过程控制系统的设计；完成串级过程控制系统的投运。

3.3.2　相关知识

液位和流量是工业生产过程中最常用的两个参数，对液位和流量进行控制的装置在工业生产中应用得十分普遍。液位的时间常数 T 一般很大，因此有很大的容积迟延，如果用单回路控制系统来控制，可能无法达到较好的控制质量。而串级控制系统可以用一般常规仪表来实现，成本增加也不大，却可以起到十分明显地提高控制质量的效果，因此往往采用串级控制系统对液位进行控制。

一般情况下，流量是影响液位的主要因素，其时间常数较小，将它纳入副回路进行控制，不仅有效地克服了流量对液位造成的干扰，而且使系统工作频率提高，能够对液位实行较快的控制。

如图 3-6 所示为液位-流量的串级控制系统，方框图如图 3-7 所示。

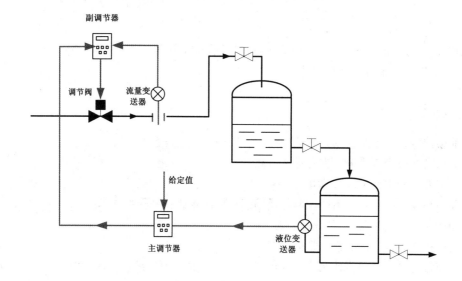

图 3-6　液位-流量串级控制系统结构图

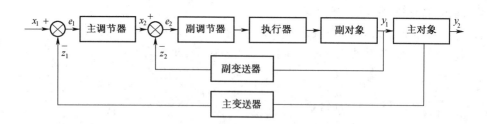

图 3-7　液位-流量串级控制系统方框图

液位-流量串级控制系统中，水箱液位称为主被控变量，简称主变量。调节阀阀后的进水流量称为副被控变量，简称副变量。液位调节器称为主调节器，流量调节器称为副调节器。从调节阀阀后到中水箱液位这个液位对象称为主对象。调节阀阀后流量对象称为副对象。由副调节器、调节阀、副对象、副测量变送器组成的回路称为副回路。而整个串级控制系统包括主对象、主调节器、副回路等效环节和主变量测量变送器，称为主回路，又称主环或外环。

3.3.3　任务分析与实施

3.3.3.1　任务分析

液位-流量串级控制系统,由主控、副控两回路组成,主控回路的调节器称主调节器,控制对象为水箱,水箱的液位为系统的主控制量,副控制回路中的调节器称副调节器,流入水箱的流量作为副控制量,主调节器的输出作为副调节器的给定,副调节器的输出直接调节电磁阀的转速,改变进入水箱的泵的流量,从而达到控制水箱液位的目的。在该控制系统中,由于水箱存在容积延迟,从而导致该过程难以控制。串级控制是改善调节过程动态性能的有效方法,由于其超前的控制作用,可以大大克服系统的容积延迟。采用一步整定法,通过 WinCC 组态软件对整定过程及液位的平衡过程进行实时监控,直至达到主、副回路的最佳整定参数。

变频器支路液位流量串级控制系统基于 PCS 现场总线控制,控制系统采用西门子 S7-300 的 PLC 控制,监控软件采用 SIMATIC WinCC,使用变频器 MICROMASTER 420、磁力泵、上水箱 2 及液位变送器 2 等。

3.3.3.2　任务实施

1. 实施目的

(1)了解复杂液位串级过程控制系统的构成和工作原理。

(2)掌握变频支路液位流量串级控制系统调节器参数的整定和控制方法。

(3)掌握阶跃扰动分别作用于副对象和主对象时对系统主控制量的影响。

(4)掌握液位-流量串级控制系统采用不同控制方案的实现过程。

2. 构思设计

(1)液位-流量串级控制系统

液位-流量串级控制系统,主控量为上水箱 2 液位高度,副控量为变频器支路流量,它是一个辅助的控制变量。系统由主、副两个回路所组成。主回路是一个定值控制系统,要求系统的主控制量等于给定值,因而系统的主调节器应为 PI 或 PID 控制。主调节器的输出作为副调节器的给定值,因而副控回路是一个随动控制系统,故要求副回路的输出能正确、快速地复现主调节器输出的变化规律,以达到对主控制量水箱 2 液位高度的控制目的,因而副调节器可采用 P 控制。但选择流量作副控参数时,为了保持系统稳定,比例度必须选得较大,这样比例控制作用偏弱,为此需引入积分作用,即采用 PI 控制规律。引入积分作用的目的不是消除静差,而是增强控制作用。显然,由于副对象管道的时间常数小于主对象的时间常数,因而当主扰动(二次扰动)作用于副回路时,通过副回路快速的调节作用消除了扰动的影响。

(2)控制原理

液位-流量串级控制系统采用 PLC 控制,将水箱液位控制在设定高度。串级回路是由内反馈组成的双环控制系统,属于复杂控制范畴。在 PLC 中设置了两个虚拟调节器作为主副调节器。将上水箱的液位信号输出作为主调节器输入,主调节器的输出作为副调节器的输入,在串级控制系统中,两个调节器任务不同,因此要选择调节器的不同调节规律进行控制,副调节器主要任务是快速动作,迅速抵制进入副回路的扰动,至于副回路的调节不要求一定是无静差。主调节器的任务是准确保持下水箱液位在设定值,因此,主调节器采用 PI 调节器,也可考虑采用 PID 调节器。

液位-流量串级控制系统主要有三路信号,其中两路是现场测量信号上水箱液位和管道流量,另外一路是控制阀门定位器的控制信号。上水箱液位信号是标准的模拟信号,与西门子的模拟量输入模块 SM331 相连，SM331 和分布式 I/O 模块 ET200M 直接相连，ET200M 挂接到 PROFIBUS-DP 总线上，PROFIBUS-DP 总线上挂接有控制器 CPU315-2 DP（为 PROFIBUS-DP 总线上的 DP 主站），这样就完成了现场测量信号向控制器 CPU315-2 DP 的传送。流量检测装置（电磁流量计）和执行机构（阀门定位器）均为带 PROFIBUS-PA 通讯接口的部件，挂接在 PROFIBUS-PA 总线上，PROFIBUS-PA 总线通过 LINK 和 COUPLER 组成的 DP 链路与 PROFIBUS-DP 总线交换数据。由于 PROFIBUS-PA 总线和 PROFIBUS-DP 总线中信号传输是双向的，这样既完成了现场检测信号向 CPU 的传送，又使得控制器 CPU315-2 DP 发出的控制信号经 PROFIBUS-DP 总线到达 PROFIBUS-PA 总线，以控制执行机构阀。

（3）PID 调节器

调节器 PID 参数可以反复凑试，逐步逼近达到最佳的整定，实际中，采用串级调节系统是为了提高主被调量（下水箱）精度和改善动态特性而设置的，因此对副调回路的质量指标没有要求。而对主回路的质量指标要求高。牺牲副回路的质量，保证主回路的调节质量。所以副调节器比例作用强一些，取消积分作用，主调节器设置 P、I、D 参数即可。

（4）变频器支路液位流量串级控制系统流程图

如图 3-8 所示为变频器支路液位流量串级控制系统流程图。

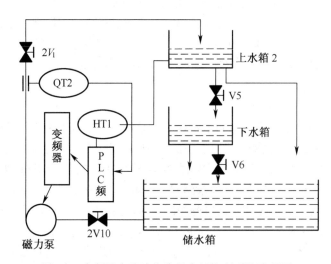

图 3-8　变频器支路液位流量串级控制系统流程图

（5）变频器支路液位流量串级控制系统方框图

如图 3-9 所示为变频器支路液位流量串级控制系统方框图。

3. 实现运行

液位流量串级控制系统可以结合过程控制实训系统或 PCS 现场总线过程控制系统或 ZHSK-2 型过程控制实训系统来进行运行调试。

3.3.4　任务思考

1. 变频器支路液位流量串级控制系统的结构框图。

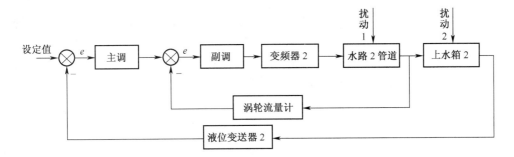

图 3-9　变频器支路液位流量串级控制系统方框图

2．复杂控制系统的控制方式和控制特点。

3．主、副调节器采用不同 PID 参数时对系统性能产生的影响。

4．锅炉液位是一单容对象，为克服进水流量的干扰，应采用怎样的控制方案？

5．液位-流量串级控制系统的控制原理。

6．液位-流量串级控制系统可以采用几种不同的控制方案？

任务四　三闭环液位串级控制系统

3.4.1　任务要求

三闭环液位串级控制系统是由内反馈组成的三环控制系统，有三个调节器，采用 PLC 控制将水箱液位控制在设定高度。要求分析三闭环液位串级过程控制系统的组成、特点、控制原理；确定控制系统方案；绘制规范的控制系统方框图；进行三闭环液位串级控制系统的设计；完成三闭环液位串级控制系统的投运。

3.4.2　相关知识

单闭环控制系统是简单的控制系统，对于单容水箱的液位稳定有着一定的控制作用，但对于多容水箱，一旦某水箱（例如上水箱和中水箱）出现扰动，下水箱不会立即变化，不能迅速检测到上中水箱的扰动并加以调节，这样引起了滞后，控制系统难以达到稳定准确的控制。

三闭环控制系统属于串级控制系统，但与典型的串级控制系统不同，有三个调节器，主回路采用 PID 控制，起着细调作用，两个副调节器起着粗调作用。主调节器有着自己的设定值，它与下水箱的压力变送器反馈对比，实现下水箱的主控，及对下水箱液位的设定。主调节器的输出作为副调节器的设定值，而副调节器的输出作为副调节器 2 的设定值，副调节器直接控制电磁调节阀。当在水箱上有扰动的时候，在其外环反馈后会有迅速的动作解决扰动问题，这样能有效地缓解和解决滞后较大的问题。

现要设计控制系统控制下水箱内液位高度保持与设定值一致，对上水箱和中水箱中的液位高度无特殊要求，即上中两个水箱控制下水箱。

三容水箱是液位控制系统中的被控对象，若流入量和流出量相同，水箱的液位不变，平衡后当流入侧阀门开大时，流入量大于流出量导致液位上升。同时由于出水压力的增大使流出量逐渐增大，其趋势是重新建立起流入量与流出量之间的平衡关系，即液位上升到一定高度使流出量增大到与流入量相等而重新建立起平衡关系，液位最后稳定在某一高度上；反之，液位会下降，并最终稳定在另一高度上。

由于水箱的流入量可以调节，流出量随液位高度的变化而变化，所以只需建立流入量与液位高度之间的数学关系就可以建立该水箱对象的数学模型。

3.4.3　任务分析与实施

3.4.3.1　任务分析

三闭环液位串级控制系统，采用 PLC 控制将下水箱液位控制在设定高度。串级回路是由内反馈组成的三环控制系统，属于复杂控制范畴。三闭环液位串级控制系统基于 PCS 现场总线控制，控制系统采用西门子 S7-300 的 PLC 控制，监控软件采用 SIMATIC WinCC，使用变频器 MICROMASTER 420、磁力泵、增压泵、水箱及液位变送器等。

3.4.3.2　任务实施

1. 实施目的

（1）了解复杂液位串级过程控制系统的构成和工作原理。

（2）掌握三闭环液位串级控制系统调节器参数的整定和控制方法。

（3）了解阶跃扰动分别作用于副对象 1、副对象 2 和主对象时对系统主控制量的影响。

（4）掌握三闭环液位串级控制系统采用不同控制方案的实现过程。

2. 构思设计

（1）三闭环液位串级控制系统

三闭环液位串级控制系统采用 PLC 控制将下水箱液位控制在设定高度。串级回路是由内反馈组成的三环控制系统，在 PLC 中设置了三个虚拟调节器作为主、副调节器。将下水箱的液位信号输出作为主调节器输入，主调节器的输出作为副调节器 1 的输入，副调节器 1 的输出作为副调节器 2 的输入，在串级控制系统中，三个调节器任务不同，因此要选择调节器的不同调节规律进行控制，副调节器主要任务是快速动作，迅速抵制进入副回路的扰动，至于副回路的调节不要求一定是无静差。主调节器的任务是准确保持下水箱液位在设定值，因此，主调节器采用 PI 调节器，也可考虑采用 PID 调节器。

调节器的 PID 参数可以反复凑试，逐步逼近达到最佳的整定，实际中，采用串级调节系统是为了提高主被调量（下水箱）精度和改善动态特性而设置的，因此对副调回路的质量指标没有要求。而对主回路的质量指标要求高。牺牲副回路的质量，保证主回路的调节质量。所以副调节器比例作用强一些，取消积分作用，主调节器设置 P、I、D 参数即可。

（2）三闭环液位串级控制系统流程图

如图 3-10 所示为三闭环液位串级控制系统流程图。

（3）三闭环液位串级控制系统方框图

如图 3-11 所示为三闭环液位串级控制系统方框图。

3. 实现运行

三闭环液位串级控制系统可以结合过程控制实训系统或 PCS 现场总线过程控制系统或 ZHSK-2 型过程控制实训系统来进行运行调试。

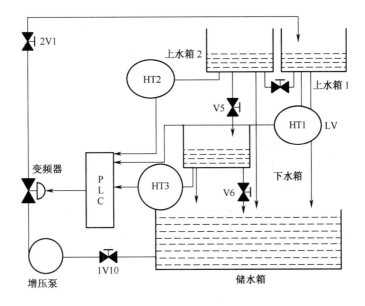

图 3-10　三闭环液位串级控制系统流程图

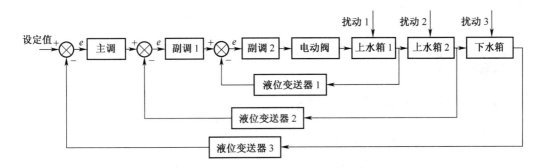

图 3-11　三闭环液位串级控制系统方框图

3.4.4　任务思考

1. 画出规范的三闭环液位串级控制系统的结构框图。
2. 三闭环串级控制系统的控制原理。
3. 三闭环串级控制系统的优点。
4. 比较三容串级控制与双容串级控制的区别以及控制的难易度。
5. 三闭环串级控制系统中，比较并分析三个控制器的控制任务和调节规律。
6. 复杂控制系统的特点和应用。

项目四

电加热锅炉温度控制系统的开发与实施

【项目学习目标】

 **知识目标**

- 了解工业锅炉控制系统的组成、种类、控制原理和特点；
- 掌握工业锅炉控制的调节任务和设计要求；
- 掌握工业锅炉给水系统的自动调节；
- 掌握工业锅炉燃烧系统的自动调节；
- 掌握锅炉温度系统的设计、控制器参数整定和调试；
- 了解锅炉控制系统调节器参数的整定和控制方法；
- 掌握锅炉控制系统设计中要注意的问题；
- 掌握锅炉锅炉温度控制系统投运的方法。

 **技能目标**

- 能熟练分析锅炉温度控制系统的组成、各部分的作用、控制原理、安装位置；
- 能正确连接锅炉温度过程控制系统管路、电路，并熟练操作监控系统；
- 能确定锅炉温度过程控制系统方案，并绘制规范的控制系统流程图和方框图；
- 能熟练使用差压变送器和智能 PID 调节器；
- 能分析控制器参数变化对锅炉过程控制质量的影响；
- 能完成锅炉温度控制系统的控制器参数整定工作；
- 能完成锅炉温度控制系统的投运。

任务　工业锅炉内胆温度 PID 连续控制系统

4.1.1　任务要求

分析锅炉温度控制系统的设计要求；选择锅炉温度控制系统的设计方法；掌握锅炉温度控制系统的设计原则；掌握锅炉温度控制系统的设计步骤；确定锅炉温度控制系统设计内容；设计锅炉温度控制系统方案；选择控制器的控制规律；进行锅炉温度控制系统的整定；完成锅炉温度控制系统的投运。

4.1.2　相关知识

4.1.2.1　工业锅炉控制系统概述

锅炉是工业生产的重要动力设备，工业锅炉的生产任务是根据负荷设备的要求，生产具有一定参数（压力和温度）的蒸汽和热水。

1. 工业锅炉的类型

工业锅炉的分类方法有多种。

（1）按燃用燃料分，可分为燃煤锅炉、燃油锅炉、燃气锅炉、余热锅炉等。

（2）按输出介质分，可分为蒸汽锅炉和热水锅炉等。

（3）按出口蒸汽压力分，可分为低压锅炉（≤2.45MPa）、中压锅炉（2.5～3.8MPa）、高压锅炉（3.8～9.8MPa）、超高压锅炉（9.8～13.7MPa）、亚临界压力锅炉（13.7～16.7MPa）、临界压力锅炉（≈22.5MPa）等。

（4）按工质在锅炉内部流动方式，可分为：自然循环锅炉、强制（辅助）循环锅炉、直流锅炉、复合循环锅炉等。

2. 工业锅炉常用的基本参数

表示锅炉基本特征的常用参数如下。

（1）蒸发量（对于蒸汽锅炉）

蒸发量是表征工业锅炉容量（生产能力）大小的指标，即锅炉每小时所生产的额定蒸汽量。一般用 t/h 或 kg/h 为单位，常用符号 D 表示。

（2）额定热功率（对于热水锅炉）

指单位时间内热水锅炉向外界供给的有效热量，单位为 MW。

（3）蒸汽（或热水）参数

锅炉生产蒸汽的参数，是指锅炉出口处蒸汽的额定压力（表压力）和温度。对于生产饱和蒸汽的锅炉来说，一般只标明蒸汽压力；对于生产过热蒸汽（或热水）的锅炉，则需要标明压力和蒸汽（或热水）的温度。

（4）受热面蒸发量，受热面发热率

锅炉受热面是指汽锅和附加受热面等与烟气接触的金属表面积，即烟气与水（或蒸汽）进行热交换的表面积。受热面积的大小，工程上一般以烟气放热的一侧来计算，用符号 S 表示，单位为 m^2。

每 m^2 受热面每小时所产生的蒸汽量，就叫做锅炉受热面的蒸发率，用 D/S 或 $D640/S$ 来表示，单位是 $kg/m^2 \cdot ^\circ C$。

锅炉受热面蒸发率或发热率越高，则表示传热性能好，锅炉所耗金属量少，结构紧凑。

（5）工业锅炉的热效率

工业锅炉的热效率是指每小时送进锅炉的燃料（全部完全燃烧时）所发出的热量中有百分之几被用来产生蒸汽或加热水，锅炉的热效率常用符号 η 表示。它是一个能真实说明锅炉运行的热经济指标。

（6）热水锅炉的额定工作压力

热水锅炉向外界输送热水的压力，其单位为 MPa（表压）。

（7）热水锅炉的额定出口水温度

锅炉向外界输出的热水温度，其单位为℃。

（8）热水锅炉的额定进口水温度

由热用户来的进入锅炉的回水温度，其单位为℃。

3．工业锅炉控制的调节任务

为了满足负荷设备的要求，保证锅炉本身运行的安全性和经济性，工业锅炉具有以下自动调节任务。

（1）保持汽包水位在规定的范围内

锅炉汽包水位高度，关系着汽水分离的速度和生产蒸汽的质量，也是确保安全生产的重要参数。随着科学技术的飞速发展，现代的锅炉要向蒸发量大、汽包容积相对减小方向发展。这样，要使锅炉的蒸发量随时适应负荷设备的需要量，汽包水位的变化速度必然很快，稍微不注意就容易造成汽包满水，或者烧成干锅。在现代锅炉操作中，即使是缺水事故，也是非常危险的，这是因为水位过低，就会影响自然循环的正常进行，严重时会使个别上水管形成自由水面，产生流动停滞，致使金属管壁局部过热而爆管。无论满水或缺水都会造成事故。因此，必须对汽包水位进行自动调节，将水位严格控制在规定的范围之内。

（2）稳定蒸汽的温度

过热蒸汽的温度是生产工艺确定的重要参数，蒸汽温度过高会烧坏过热器水管，对负荷设备的安全运行带来不利因素。因为新型的蒸汽锅炉，一般金属强度的安全系数设计得比较大，超高温严重还会使汽轮机或其他负荷设备膨胀过大，使汽轮机的轴向推力增大而发生事故。蒸汽温度过低会直接影响负荷设备的使用，对汽轮机来说，会影响它的效率，一般情况，进汽温度每降低5℃，效率降低1%。因此，从安全生产和技术经济指标上看，必须对蒸汽的温度进行自动调节，使蒸汽温度保持在额定值范围之内。

（3）控制蒸汽压力的稳定

蒸汽压力是衡量蒸汽供求关系是否平衡的重要指标，是蒸汽的重要工艺参数。蒸汽压力过高或过低，对于金属导管和负荷设备都是不利的。压力太高，会加速金属的蠕变，压力太低，就不可能提供给负荷设备符合质量的蒸汽。在锅炉运行过程中，蒸汽压力降低，表明负荷设备的蒸汽消耗量大于锅炉的蒸发量；蒸汽压力升高，说明负荷设备的蒸汽消耗量小于锅炉的蒸发量。因此，控制蒸汽压力，是安全生产的需要，是维持负荷设备正常工作的需要，也是保证燃烧经济性的需要。

（4）控制炉膛的负压在规定的范围内

锅炉正常运行中，炉膛压力应保持在10~20Pa的负担范围之内。负压过大，漏风严重，总的风量增加，烟气热量损失增大，同时引风机的电耗增加，不利于经济燃烧；负压偏正，炉膛要向外喷火，不利于安全生产，有害于环境卫生。所以炉膛负压必须进行自动调节。

（5）维持经济燃烧

要使锅炉燃烧过程出现最佳工况，提高锅炉的效率和经济性，必须使空气和燃料维持适当的比例。对于燃油锅炉，现代的运行水平可以将燃烧室里的自由氧控制在 0.5%～1% 之内，即过剩空气为 2.4%～5% 左右。将过剩空气降低到近于理想水平而又不出现一氧化碳和冒黑烟，这就需要快速而精确地对燃烧过程进行自动调节，使空气和油呈现最佳的配比。否则，势必增加热量损失，降低经济技术指标，并造成对周围环境的污染。

4．工业锅炉的控制对象

工业锅炉生产是一个复杂的控制对象，有许多调节参数和被调节参数，还存在着错综复杂的扰动参数。主要输入变量是负荷、锅炉给水、燃料量、减温水、送风和引风量等，主要输出变量是汽包水位、蒸汽压力、过热蒸汽温度、炉膛负压、过剩空气（烟气含氧量）等。这些输入变量与输出变量之间相互关联。如果蒸汽负压发生变化，必将会引起汽包水位、蒸汽压力和过热蒸汽温度等的变化；燃料量的变化不仅影响蒸汽压力，同时还会影响汽包水位、过热蒸汽温度、过剩空气和炉膛负压；给水量的变化不仅影响汽包水位，而且对蒸汽压力、过热蒸汽温度等亦有影响。所以说锅炉是一个多输入、多输出且相互关联的复杂控制对象，锅炉生产过程的各个主要参数都必须严格控制。

锅炉输入参数与输出参数之间的相互作用影响示意图如图 4-1 所示。

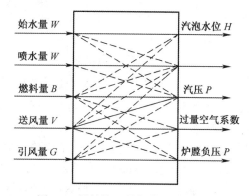

图 4-1　锅炉输入量与输出量关系图

由图中可以看出，锅炉是一个多输入、多输出、多回路、非线性的相互关联的对象，调节参数与被调参数之间，存在着许多交叉的影响。例如当锅炉的负荷变化时，所有的被调量都会发生变化。而当改变任一个调节量时，也会影响到其他几个被调量。因此，理想的锅炉自动调节系统应该是多回路的调节系统。这样当锅炉受到某一扰动后，同时协调地改变其调节量，使所有的被调量都具有一定的调节精度。但这种调节十分复杂，要实现这样的调节比较困难。目前根据锅炉的运行经验，实际解决锅炉自动调节任务的方法是将锅炉看作由几个相对独立的调节对象所组成，相应地设置几个相对独立的调节系统，这样可以简化自动调节的问题，也就是锅炉要进行自动控制，对多变量对象可按自治的原则和协调跟踪的原则加以处理。

5．工业锅炉的控制系统

锅炉是工业生产的重要动力设备，工业锅炉的生产任务是根据负荷设备的要求，生产具有一定参数（压力和温度）的蒸汽和热水。锅炉设备的主要工艺流程如图 4-2 所示。

目前，锅炉控制系统一般可划分为三个控制系统：锅炉燃烧控制系统、锅炉给水控制系统、锅炉温度控制系统和锅炉自动保护系统等多个控制系统。

（1）锅炉燃烧控制系统中，燃料和热空气按一定比例送入燃烧室燃烧，生成的热量传递给蒸汽发生系统，产生饱和蒸汽。然后经过热器，形成一定温度的过热蒸汽，汇集至蒸汽母管。一定压力的过热蒸汽，经负荷设备控制供给负荷设备用。与此同时，燃烧过程中产生的烟气，除将饱和蒸汽变为过热蒸汽外，还经省煤器预热锅炉给水和空气预热器预热空气，最后经引风机送往烟囱，排入大气。

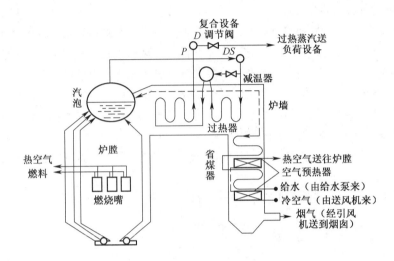

图 4-2　锅炉主要工艺流程

燃烧控制实质上是能量平衡系统，它以蒸汽压力作为能量平衡指标，量出而入，不断根据用汽量与压力的变化成比例地调整燃料量与送风量，同时保证燃料的充分燃烧及热量的充分利用，其中保持合适的"空燃比"是一个重要因素。"空燃比"是指燃烧中空气量与燃烧量的比值系数。

锅炉燃烧过程自动控制系统的任务很多，包括使锅炉出口蒸汽压力稳定，保证燃烧过程的经济性以及维持炉膛压力稳定。因此，锅炉燃烧过程自动控制系统按照控制任务的不同可分为三个子控制系统，即蒸汽压力控制系统、烟气氧量控制系统和炉膛负压控制系统。

（2）锅炉给水控制系统，考虑汽包内部的物料平衡，使给水量适应蒸发量，维持汽包水位在规定的范围内，实现给水全程控制。给水控制也称为汽包水位控制。被控变量是汽包水位，操纵变量是给水量。

汽包水位控制系统，实质上是维持锅炉进出水量平衡的系统。它是以水位作为水量平衡与否的控制指标，通过调整进水量的多少来达到进出平衡，将汽包水位维持在汽水分离界面最大的汽包中位线附近，以提高锅炉的蒸发效率，保证生产安全。由于锅炉水位系统是一个有自平衡能力的被控对象，运行中存在虚假水位现象，实际应用中可根据情况采用水位单冲量，水位、蒸汽量双冲量和水位、蒸汽量、给水量三冲量的控制系统。

（3）炉膛负压控制系统是使进出炉膛的空气量维持平衡的控制系统，一般以炉膛压力作为空气量平衡与否的控制指标，通过调整排向大气的引风量达到空气量进出平衡，为提高控制品质，一般以送风量或送风挡板开度作为前馈量构成前馈-反馈控制系统。

（4）除氧器控制系统包括除氧器压力和液位两个控制子系统。

除氧器压力系统，当除氧器压力发生变化时，压力控制系统调节除氧器的进汽阀，改变除氧器的进汽量，从而将除氧器的压力控制在目标值上；除氧器液位系统，当除氧器液位发生变化时，液位控制系统调节除氧器的进水阀，改变除氧器的进水量，从而将除氧器的液位控制在目标值上。

4.1.2.2　工业锅炉给水系统的调节

工业锅炉的汽包水位是正常运行的主要指标之一，也是一个十分重要的被调参数。由于汽包水位在锅炉运行中占据首要地位，所以工业锅炉控制都是从给水自动调节开始的。锅炉给水控制系统考虑汽包内部的物料平衡，使给水量跟踪锅炉的蒸发量，并维持汽包水位在工艺允许的范围内，实现给水全程控制。

给水控制也称为汽包水位控制。被控变量是汽包水位，操纵变量是给水量。锅炉汽包水位的自动调节是根据汽包水位的动态特性来设计的。引起水位变化的因素很多，但主要扰动是给水量和蒸汽量的阶跃变化，调节器就是依据水位信号、蒸汽流量和给水流量的偏差信号进行调节的。锅炉汽包水位的自动调节，根据使用厂家的条件和要求，可选用电动仪表系列，也可选用气动仪表系列。

汽包水位调节系统，根据锅炉的容量、负荷变化的速度、调节的精度要求，可分为三种类型：以汽包水位为唯一调节信号的单冲量给水调节系统；以汽包水位为主调节信号，以蒸汽流量为补充信号的双冲量调节系统；以汽包水位为主调节信号，以给水流量和蒸汽流量为补充信号的三冲量调节系统。

1. 单冲量给水调节系统

以汽包水位为唯一调节信号的锅炉给水单回路控制系统称为单冲量水位调节系统。它是汽包水位自动调节中最简单、最基本的一种调节形式。调节系统由汽包、水位变送器、调节器和给水调节阀组成。当汽包水位发生变化时，水位变送器发出信号并输入调节器，水位调节器根据水位的测量与给定值的偏差，经过运算放大后输出调节信号，去控制给水阀门，改变给水量来保持汽包水位在允许范围内。

由于工业锅炉对汽包水位控制要求不高，采用比例调节规律能得到较好的效果，所以目前工业锅炉水位对象采用比例调节规律很普遍，采用比例积分调节器调节汽包水位，可以实现无差调节。单冲量锅炉给水调节系统可选用气动仪表进行调节工作，也可选用电动单元仪表组成调节系统，不少自动化仪表厂还生产有成套的锅炉自动控制装置。

单冲量汽包水位调节的优点：系统结构简单，整定方便，工业锅炉的容量一般都在20t/h以下，对于中小型锅炉，由于汽包相对负荷而言，它的容量较大，水位受到扰动后的反应速度比较慢，"虚假水位"现象不很严重，因此，一般采用单冲量调节系统就可以满足生产上的要求。

单冲量汽包水位调节也存在着一些缺点，主要有：

（1）这种调节方案只根据水位信号调节给水量，克服给水自发性扰动和负荷扰动的能力差，在大中型锅炉负荷变化大，即阶跃扰动很大时，严重的假水位现象将导致给水控制机构误动作，例如负荷蒸汽增加时，水位一开始先上升，调节器只根据水位作为调节信号，就去关小阀门减少给水量，这个动作对锅炉流量平衡是错误的，它在调节过程一开始就扩大了蒸汽流量和给水流量的波动幅度，扩大了进出流量的不平衡。

（2）从给水扰动下水位变化的动态特性可以看到，由于给水压力改变等原因造成给水量变化时，调节器要等到水位变化后才开始动作，而在调节器动作后又要经过一段滞后时间 τ 才能对汽包水位发生影响，因此必将导致汽包水位激烈的上下波动，波动幅度大、调节时间长，严重影响设备寿命和安全。

由于单冲量调节系统存在这些缺点，对于虚假水位现象严重及水位反应速度快的锅炉，为改善调节品质，满足运行的需要，常采用双冲量或三冲量给水调节系统。

2. 双冲量给水调节系统

双冲量给水调节系统，是以锅炉汽包水位信号作为主调节信号，以蒸汽流量信号作为前馈信号，构成的锅炉汽包水位自动调节系统。

双冲量汽包水位调节系统的特点是：

（1）引入蒸汽流量前馈信号可以消除"虚假水位"现象对调节的不良影响。当蒸汽量变化时，就有一个给水量与蒸汽量同方向变化的信号，可以减少或抵消由于"虚假水位"现象而使给水量与蒸汽量相反方向变化的错误动作，使调节阀一开始就向正确的方向动作，因而能大大减小给水量和水位的波动，缩短过渡过程的时间。

（2）引入了蒸汽流量前馈信号，能够改善调节系统的静态特性，提高调节质量。

双冲量汽包水位控制可用气动单元组合仪表组成水位自控系统，也可选用电动单元组合仪表组成水位自控系统。目前，电动单元组合仪表使用较为广泛。

双冲量自动调节系统存在的问题是：调节作用不能及时地反映给水方面的扰动。当给水量发生扰动时，要等到汽包水位信号变化时才通过调节器操作执行器进行调节，滞后时间长、水位波动大。因此，如果给水母管压力经常有波动，给水调节阀前后压差不能保持正常时，不宜采用双冲量调节。

3. 三冲量给水调节系统

三冲量锅炉汽包给水自动调节系统，是以汽包水位 H 为主调节信号，蒸汽流量 D 为调节器的前馈信号，给水流量 W 为调节器的反馈信号组成的调节系统。

所谓"三冲量"，是指控制器接受了三个测量信号：汽包水位、蒸汽流量和给水流量。蒸汽流量信号是前馈信号，当负荷变化时，它早于水位偏差进行前馈控制，及时地改变给水流量，维持进出汽包的物质平衡，有效地减少假水位的影响，抑制水位的动态偏差；给水流量是局部反馈信号，动态中它能及时反映控制效果，使给水流量跟踪蒸汽流量变化而变化，蒸汽流量不变时，可及时消除给水侧自发扰动；稳态时使给水流量信号与蒸汽流量信号保持平衡，以满足负荷变化的需要；汽包水位量是被控制量，主信号稳定时，汽包水位等于设定值。

（1）单级三冲量控制系统

如图 4-3 所示，单级三冲量控制系统相当于将单冲量控制与比例控制相结合，以负荷作为系统设定值，利用 PI 调节器调节流量，使给水量准确跟踪蒸汽流量，再将水位信号作为主参数负反馈，构成单级三冲量给水控制系统。

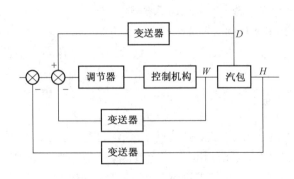

图 4-3　单级三冲量给水控制系统

单级三冲量给水控制系统在克服干扰影响、维持水位稳定、提高给水控制方面都优于单冲量给水控制系统。事实上，由于检测、变送设备误差等因素的影响，蒸汽流量和给水流量这两个信号的测量值在稳态时难以做到完全相等，并且单级三冲量控制系统一个调节器参数整定需要兼顾较多因素，动态整定过程较复杂，因此在现场很少采用单级三冲量给水控制系统。

（2）串级三冲量控制系统

如图 4-4 所示，串级三冲量给水控制系统由主副两个 PI 调节器和三个冲量构成，与单级三冲量系统相比，该系统多采用了一个 PI 调节器，两个调节器串联工作，分工明确。PI_1 为水位调节器，它根据水位偏差产生给水流量设定值；PI_2 为给水流量调节器，它根据给水流量偏差控制给水流量并接受前馈信号。蒸汽流量信号作为前馈信号，用来维持负荷变动时的物质平衡，由此构成的是一个前馈-串级控制系统。

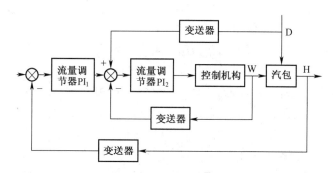

图 4-4   串级三冲量给水控制系统

装有三冲量调节装置的锅炉在运行时，由于引进了蒸汽流量和给水流量的调节信号，调节系统动作及时，抗干扰能力较强，当蒸汽负荷突然发生变化，蒸汽流量信号使给水调节阀一开始就向正确方向动作，即如果蒸汽流量增加，给水调节阀开大。抵消了由于虚假水位引起的反向动作，减小了给水流量的波动幅度，如果给水流量减少，则调节器立即根据给水流量减少的信号开大给水阀门，使给水流量维持不变。这样，汽包水位很少受到影响。再者，给水流量信号也是调节器动作后的反馈信号，使调节器及早知道调节效果，能较好地控制水位的变化，改善调节系统的调节品质。

串级三冲量给水控制系统结构复杂，但各调节器的任务比较单纯，系统参数整定相对单级三冲量系统要容易些，不要求稳态时给水流量蒸汽流量测量信号严格相等，即可保证稳态时汽包水位无静态偏差，其控制精度较高，是现场广泛采用的给水控制系统。

4.1.2.3   工业锅炉燃烧系统的自动调节

锅炉燃烧控制系统中，燃料和热空气按一定比例送入燃烧室燃烧，生成的热量传递给蒸汽发生系统，产生饱和蒸汽。然后经过过热器，形成一定温度的过热蒸汽，汇集至蒸汽母管。一定压力的过热蒸汽，经负荷设备控制供给负荷设备用。与此同时，燃烧过程中产生的烟气，除将饱和蒸汽变为过热蒸汽外，还经省煤器预热锅炉给水和空气预热器预热空气，最后经引风机送往烟囱，排入大气。

锅炉燃烧系统自动调节的基本任务是使燃料燃烧所产生的热量，适应蒸汽负荷的需要，同时还要保证经济燃烧和锅炉的安全运行。

工业锅炉根据采用的燃料不同，通常分为燃煤、燃油、燃气和余热锅炉四种。这四种锅炉的燃烧过程自动调节系统基本相同，只是燃料的调节手段有所区别。燃油、燃气锅炉的油量和气量的调节都采用调节阀，而燃煤锅炉的煤量调节是通过改变炉排的移动速度或给煤机的转动速度进行的。我国工业锅炉中燃煤锅炉较为普遍、数量较大，这里先介绍燃煤锅炉燃烧过程的自动调节。

1. 燃煤锅炉燃烧过程的自动调节

燃煤锅炉自动调节的关键问题是燃料量的测量，在目前条件下，要实现准确测量进入炉膛的燃料量还很困难，为此，目前常采用按"燃料-空气"比值信号、氧量信号、热量信号控制燃烧过程。下面分别介绍其调节方案和过程。

"燃料-空气"燃烧过程的自动调节，就是用给煤调节机构的位置（或速度）来代表给煤量（燃料量 B）。其中燃料调节装置执行调节汽压的任务；送风量调节装置执行燃烧经济性调节的任务；负压调节装置（即引风量调节装置）执行负压（ST）调节任务。

在"燃料-空气"调节系统中，压力信号输入燃料调节器，直接带动给煤调节机构调节给煤量，同时送出与调节燃料的执行机构的位置（代表给煤量的多少）成比例的信号，与送风量信号一起输入风量调节器，调节送风量。在这一系统中，负压调节是作为独立的调节任务来完成的，但实际上，负压的扰动主要是由于风量调节系统的动作而引起的。

这种调节系统最简单，它可以用标准的液压式或电气机械式调节装置来实现调节任务，但有较大的缺点，即燃料调节器以给煤调节机构的位置作为反馈信号，虽然能够对燃料调节过程起到有效的稳定作用，但不能消除燃料内部的扰动，如当给煤机发生故障（内部扰动）时，只有等到这个扰动影响到汽包蒸汽出口压力时，才能使燃料调节器动作。另外，燃料与空气的比例关系也不好保证。当燃料方面经常发生扰动时（数量、质量）这种调节系统不能自动保证正常工作。

（1）采用热量信号的燃烧过程自动调节系统

在燃烧过程自动调节中，如何准确迅速地测定炉膛的燃烧燃料量是一个重要的问题，这是因为在燃烧经济性调节中，燃料量信号与空气量信号的比例可以间接地表示燃烧的经济性。但煤粉或煤块的测量既有困难，又不易测量准确，而且因其质量（水分、灰分、发热量等）很不一致，对燃烧过程都有很大影响，所以上述的"燃料-空气"燃烧过程调节系统，在燃料量干扰影响下，系统的稳定性受到一定程度的影响。为了消除这一影响，就采用一种间接测量炉膛燃烧发热量的方法来表示固体燃料（煤）的消耗量，这就是"热量信号"的概念。

热量信号常用符号 Q 表示，它是同时测量蒸汽流量 D 和汽包压力 P 的变化速度，然后将两个信号加起来实现的。

因为在锅炉燃烧调节系统稳定过程中，汽压、汽温恒定，这时蒸汽流量是燃料发热量的正确度量。在燃料量扰动后的动态过程中，有一部分热量储存在锅炉内部的汽水中，表现为汽包压力的变化。所以热量信号要用蒸汽流量 D 加上汽包压力的变化率来代表燃料量的测量信号。必须注意，热量信号只应反映燃料量的变化，而不应反映汽量的变化。就是说，当锅炉燃料量改变时，热量信号应该基本上成比例变化；而当蒸汽负荷变化时，只要进入炉膛的燃料量不变，热量信号就应该没有变化，即蒸汽流量 D 的变化应该被汽包压力的变化所抵消。因而在实际应用热量信号时，应使蒸汽流量信号 D 和汽包压力变化速度，这两个信号恰当配合，使两者之和只反映燃料量的变化。

采用热量信号进行燃烧过程自动调节的优点是能及时消除由于煤质变化、炉排转速以及煤层厚度不均匀等原因引起的燃料方面的内部扰动。当燃料发生自发变化即有内扰时，炉膛燃烧发热量也有变化，此时向调节器发出的热量信号也立即改变，调节器立即调节燃料量使它恢复正常值。这个过程在较短时间（30s）内就能完成，这样，就不会由于燃料扰动引起过大的汽包压力变化。

在采用热量信号的燃烧过程自动调节系统中，为了取得汽包压力变化速度，采用了微分器 DFD，微分器输出的信号就是汽包压力变化速度。蒸汽流量 D 与汽包蒸汽压力变化速度通过加法器组合起来成为热量信号，送入燃料调节器。当某台锅炉发生燃料内扰时，汽包蒸汽压力立即随之变化，其变化速度是一个前导的和加强作用的信号，使燃料调节器及时调整炉排转速，改变给煤量，迅速克服燃料内扰，使汽包蒸汽压力稳定，同时送风量调节器亦随之动作，使燃料量与送风量相匹配。

当负荷蒸汽量变化时，主调节器接受蒸汽压力信号 P，输入燃料调节器，及时调节燃煤量以适应负荷的变化。同时，燃料调节器将负荷变化的信号输入风量调节器，以保持适当的风煤比例。由于风量调节器与负压调节器之间有动态补偿信号，此时负压调节器也同时动作，这样就保证了燃烧调节系统的协调动作，以保证正确的风煤比例和适合的炉膛负压。风量调节器又接收烟气中含氧量信号 O_2 作为维持风煤比的校正信号。同时，风量调节器还接受起反馈作用的送风信号 Va，及时反映送风量的变化，以提高调节的稳定性。负压调节器也接受炉膛负压信号 ST 作为静态时对炉膛负压的校正作用。

由此可见。采用热量信号的燃烧调节系统能及时地消除燃料量内扰，同时也能适应蒸汽负荷的外扰。故得到了广泛的应用。

（2）采用氧量计的燃烧过程自动调节系统

采用热量信号的燃烧过程自动调节系统中，燃烧的经济性要用两个流量（燃料量与送风量、热量与送风量、蒸汽量与送风量）的比值作间接指标。但在运行中，如直接采用过剩空气系数 α 较能正确地反映燃烧经济性的指标。因此，测量烟气中的成分可以更正确地表示燃烧的经济性。

怎样分析烟气中的成分进行燃烧过程自动控制呢？以前人们常在锅炉运行中应用 CO_2 分析器，分析烟气成分，判断炉膛燃烧工况。但是 CO=分析仪表的测量滞后太大，根本不能作为自动调节的信号使用，而且烟气中 CO_2 的含量和过剩空气系数 α 之间的关系也不是固定不变的，通过实践认识到，比较好的方法是利用氧化锆直接测量烟气中的含氧量，一则氧化锆氧量计滞后性和惯性较小，二则氧气中的含氧量和 α 之间的关系比较稳定，应用氧量计的调节系统如图 4-5 所示。当负荷变化时，汽包压力（P）改变，发出增减负荷的信号，送风调节器使送风量（V）首先适应负荷变化。送风量改变后，烟气中的含氧量（O_2）发生变化，使燃料调节器去改变燃料量以维持烟气中的含氧量。在送风量变化的同时，炉膛负压 ST 发生变化，引风调节器去改变引风量 L，以维持炉膛负压 ST。在这个调节系统中，送风调节器首先应负荷要求，燃料调节器保证经济燃烧。当然，如果含氧量的测量滞后较大时，燃料的改变将显著落后于送风量，不仅在调节过程中燃烧的经济性不好，也不能很好地适应负荷的变化。再分析一下内扰的情况，如当燃料增加时，则烟气中含氧量减少，燃料调节器就去减少燃料量，消除扰动，使烟气中的含氧量恢复正常，这就要求氧量计的滞后和惯性很小，否则，内扰就不能及时消除。所以采用上述调节系统的条件是要求氧量计能够迅速地反映出烟气中含氧量的变化。

为了提高锅炉的燃烧效率，燃料与空气量之间应保持一定的比值，以保证最佳经济效益的燃烧（常以烟气成分为被控变量）。送风控制系统中，在内环快速保证最佳空燃比，至于给煤量测量不准，则可由烟气中氧量作串级校正。如图 4-5 所示为含氧量串级校正的送风控制系统，当烟气中含氧量高于设定值时，氧量校正调节器发出校正信号，修正送风量调节器设定，使送风调节器减少送风量，最终保证烟气中含氧量等于设定值。

燃料量控制子系统使进入锅炉的燃料量随时与外界负荷要求相适应，维持主压力为设定值。为了使系统有迅速消除燃料侧自发扰动的能力，燃料量控制子系统大都采用以主汽压力为主参数、燃料量为副参数的串级控制方案。

2. 燃油锅炉燃烧系统的自动调节

燃油锅炉燃烧系统的自动调节，有单独运行锅炉燃烧系统的调节和并列运行锅炉燃烧系统的调节，下面分别进行介绍。

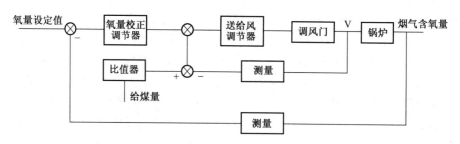

图 4-5 含氧量串级校正的送风控制系统

（1）单独运行锅炉的调节

单独运行锅炉燃烧系统的自动调节，不存在负荷分配问题，即不需要主调节器。根据燃油锅炉燃烧系统自动调节的要求须尽快消除燃料方面的各种频繁的自发性扰动；保持蒸汽母管压力恒定；燃料、送风、引风三个调节系统应当紧密配合、协调动作。

这个调节方案，可以实现带变动负荷或固定负荷的切换。当带变动负荷时，蒸汽压力调节器根据母管压力 PM 的变化，发出改变燃料量和送风量的信号，这是一个串级和比值复合的调节过程。调节过程结束时，蒸汽母管压力 PM 和烟气含氧量 O_2 分别等于给定值，而燃料量则与新的负荷相适应。当带固定负荷时，负荷要求信号 No 由操作人员给定，燃料量与送风量都和给定负荷相适应，燃料 h 逆风方面的扰动由各自的调节器分别消除。

在工业锅炉生产中，对蒸汽压力要求较高的情况下，可采用引入汽包压力作为微分信号，达到提前采取措施，消除燃料方面的扰动，更地的稳定蒸汽的压力。另外把蒸汽压力信号 PM 直接作用于燃料调节器，组成了带有微分信号的双回路调节系统；而由送风调节器来保证燃料量和送风量的适当比值，单独组成由氧量信号校正的比值调节系统。

（2）并列运行锅炉的调节

并列运行锅炉即几台锅炉联合工作，把生产的蒸汽都输送到蒸汽母管，再分配到用汽设备。为此，各台锅炉的生产有负荷分配问题，即并列运行锅炉燃烧系统的自动调节。

主调节器根据母管蒸汽压力的变化，对各台并列运行锅炉按规定比例，发出增、减负荷的信号。主调节器只对各台锅炉发出负荷要求信号 No_1、No_2、No_3……，它本身不带执行机构。如果需要某台锅炉带固定负荷，只需切除主调节器送来的变动信号，而代之以操作人员确定的固定负荷要求信号 No。

锅炉生产运行过程中，燃料调节器接受负荷要求信号 No_1 和燃料信号 B，其调节目的是使燃料量与负荷要求信号相适应；送风调节器接受负荷要求信号 No_1 和送风量信号 V，调节的目标是使送风量与负荷要求信号相适应，从而间接地使送风量与燃料量成适当的比例，进而保证经济燃烧。引风调节器接受炉膛负压信号 ST，它调节引风量使炉膛负压保持在一定的范围之内。

所有调节器都采用比例积分作用，因而在静态平衡时，母管压力 PM 等于给定值 PM_0；炉膛负压 ST 等于给定值 ST_0；燃料调节器的总输入信号 No 保证燃料量与送风量成一定比例，或当负荷发生变化时，母管蒸汽压力 PM 暂时偏离给定值，使主调节器输出的负荷要求信号发生变化，再通过燃料调节器和送风调节器，同时改变每台锅炉的燃料量与送风量，送风量的改变使炉膛负压 ST 偏离给定值，再由引风调节器动作去改变引风量。调节过程结束时，母管蒸汽压力恢复到给定值，主调节器输出的负荷要求信号稳定在某一新的数值，炉膛负压回复到给定值，而燃料量与送风量都与新的负荷要求信号成比例。

当负荷不变时，或者锅炉带固定负荷时，负荷要求信号不变，此时燃料调节器和送风调节器分别消除可能发生的燃料量和送风方面的扰动，使锅炉稳定地承担所分配到的负荷。

上述调节方案是利用间接的方法保证燃料量与送风量成比例的，这在燃料调节器工作不完善、燃料量不能适应变动负荷时，要准确地保证燃料量和送风量成一定的比例比较困难，在这种情况下可采取燃料量与送风量之间的比例关系由送风调节器单独完成，这样就能够比较好地确保燃料量与送风量的比值，保证锅炉的经济燃烧。

这个调节方案也存在一些缺点：其一是负荷发生变化时，送风量的变化必然落后于燃料量的变化，并且在燃料量发生扰动时，会引起送风调节器的不必要动作；二是当送风量改变时，引风量只有在炉膛负压产生偏离时，才由引风调节器去改变，这样引风量的改变落后于送风量，必然造成炉膛负压的较大波动。

为了克服上述两个调节方案中存在的不同缺点，设计了新的调节方案，用负荷要求信号引入送风调节器，克服上述送风量变化落后于燃料量变化的缺点；用烟气推含氧量作为送风量的校正信号，解决燃料量与送风量准确配比的问题；用送风调节器的输出作为引风调节器的前绕信号，来校正引风量落后于送风量的偏差，使引风送风协调动作。

这个调节方案，当负荷发生变化时，燃料量和送风量都与负荷要求信号成比例，进而做到使这两个流量基本上保持适当比例；烟气中的氧量信号，只是在此基础上再来校正送风量，进一步进行协调。当烟气中氧量高于给定值时，通过氧量校正调节器发出校正信号，使送风调节器减少送风量。烟气中的氧量给定值应随锅炉的负荷而改变，具体数值由锅炉热效率试验得到。当送风调节器的输出信号发生变化时，在通过自己的执行机构去改变送风量的同时，还通过动态联系装置把信号送至引风调节器，使引风量发生初步变化，然后按负压偏差信号来进行协调。稳定时，动态联系装置没有输出，因此炉膛负压等于给定值。

4.1.3 任务分析与实施

4.1.3.1 任务分析

锅炉内胆温度 PID 连续控制系统采用 PCS 现场总线过程控制系统，控制系统采用西门子的分布式 I/O 单元 ET200M，监控软件采用 SIMATIC WinCC，使用不锈钢温控锅炉、加热器、PLC、Pt100 铂热电阻温度传感器、全隔离单相交流调压模块等。

4.1.3.2 任务实施

1. 实施目的
（1）掌握温度过程控制系统的构成和工作原理；
（2）掌握温度过程控制系统调节器参数的整定和控制方法；
（3）了解 PID 参数自整定的方法及参数整定在整个系统中的重要性；
（4）掌握调节器相关参数的改变对温度控制系统动态性能的影响。

2. 构思设计
（1）锅炉内胆温度 PID 连续控制系统

锅炉内胆温度 PID 连续控制系统，被控量为锅炉内胆水的温度值，要求将锅炉内胆水的温度值稳定在给定值。将由铂电阻（PT100）TT1 检测到锅炉内胆水的温度值信号作为反馈信号，在与给定量比较后的差值通过调节器（S7-300PLC）进行相应的 PID 运算，由其计算后的信号输出给交流调压模块,然后由交流调压模块调整电加热器的功率,使锅炉内胆里水的温度控制在设定的温度。

（2）锅炉内胆温度 PID 连续控制系统流程图

如图 4-6 所示为锅炉内胆温度 PID 连续控制系统流程图。

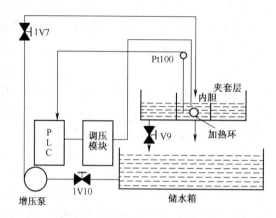

图 4-6　锅炉内胆温度 PID 连续控制系统流程图

（3）锅炉内胆温度 PID 连续控制系统方框图

如图 4-7 所示为锅炉内胆温度 PID 连续控制系统方框图。

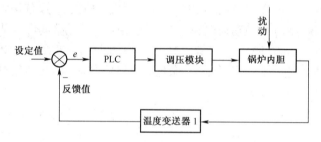

图 4-7　锅炉内胆温度 PID 连续控制系统方框图

3．实现运行

锅炉内胆温度 PID 连续控制系统可以结合过程控制实训系统或 PCS 现场总线过程控制系统或 ZHSK-2 型过程控制实训系统来进行运行调试。

4.1.4　任务思考

1．工业锅炉燃煤燃烧控制系统的控制原理。

2．工业锅炉给水控制系统的特点和应用。

3．工业锅炉控制的调节任务是什么？

4．什么是三冲量控制系统？为什么要引入三个冲量？

5．工业常用的温度测量仪表有哪些种类？

6．锅炉控制系统一般可分为哪几种控制系统？

7．绘出工业锅炉的单级三冲量给水控制系统的结构框图。

8．绘出工业锅炉的串级三冲量给水控制系统的结构框图。

附录　控制阀参考表

序号	名称	主要特点	注意事项
1	直通单座阀	泄漏量小	阀前后压差小
2	直通双座阀	流量系数及允许使用压差比同口径单座阀大	耐压较低
3	波纹管密封阀	适用于介质不允许泄漏的场合，如氰氢酸、联苯笨醚有毒物	耐压较低
4	隔膜阀	适用于强腐蚀、高粘度或含有悬浮颗粒以及纤维的流体。在允许压差范围内可作切断阀用	耐压、耐温较低，适用于对流量特性要求不严的场合（近似快开）
5	小流量阀	适用于小流量要求泄漏量小的场合	
6	角形阀	适用于高粘度或含悬浮物和颗粒状物料	输入与输出管道成角形安装
7	高压阀	结构较多级高压阀简单，用于高静压、大压差、有气蚀、空化的场合	介质对阀芯的不平衡力较大，必须选配定位器
8	多级高压阀	基本上解决以往调节阀在控制高压差介质时寿命短的问题	必须选配定位器
9	阀体分离阀	阀体可拆为上、下两部分，便于清洗。阀芯、阀体可采用耐腐蚀衬压件	加工、配装要求较高
10	三通阀	在两管道压差和温差不大的情况下能很好地代替两个二通阀，并可用作简单的配比调节	二流体的温差小于 150℃
11	碟阀	适用于大口径、大流量和浓稠浆液及悬浮颗粒的场合	流体对阀体的不平衡力矩大，一般蝶阀允许压差小
12	套筒阀（笼式阀）	适用于阀前后压差大和液体出现闪蒸或空化的场合，稳定性好、噪声低，可取代大部分直通单、双座阀	不适用于含颗粒介质的场合
13	低噪音阀	比一般阀可降低噪音 10~30dB，适用于液体产生闪蒸、空化和气体在缩流面处流速超过音速且预估噪声超过 95dB 的场合	流通能力为一般阀 1/2~1/3，价格贵
14	超高压阀	公称压力达 3500MPa，是化工过程控制高压聚合釜反应的关键执行器	价格贵
15	偏心旋转阀（凸轮挠曲阀）	流路阻力小，流量系数较大，可调比大，适用于大压差、严密封的场合和粘度大及有颗粒介质的场合。很多场合可取代直通单、双座阀	阀体一般只能用于耐压小于 6.4MPa
16	卫生阀（食品阀）	流简单，无缝隙、死角积存物料，适用于啤酒、番茄酱及制药、日化工业	耐压低

序号	名称	主要特点	注意事项
17	球阀（O形，V形）	流路阻力小，流量系数大，密封好，可调范围大，适用于高粘度、含纤维、固体颗粒和污秽流的场合	价格较贵，O形球阀一般作二位调节用。V形球阀作连续调节用
18	二位式二（三）通切断阀	几乎无泄漏	仅作位式调节用
19	低压降比（低s值）阀	在低s值时有良好的调节性能	可调比$R \approx 10$
20	塑料单座阀	阀体、阀芯为聚四氟乙烯，用于氯气、硫酸、强碱等介质	耐压低
21	全钛阀	阀体、阀芯、阀座、阀盖均为钛材，耐多种无机酸、有机酸	价格贵
22	锅炉给水阀	耐高压，为锅炉给水专用阀	

参考文献

1. 于辉. 过程控制原理与工程. 北京：机械工业出版社，2010.2.
2. 吴广平，高国光. 过程控制工程实施. 北京：电子工业出版社，2011.1.
3. 王斌，邓素平. 生产过程控制系统的设计与运行维护. 北京：化学工业出版社，2011.2.